Haushalt-Kältemaschinen

Von

Dr.-Ing. R. Plank

o. Professor und Direktor des Kältetechnischen
Institutes an der Technischen Hochschule Karlsruhe

Mit 68 Textabbildungen

Springer-Verlag Berlin Heidelberg GmbH
1928

ISBN 978-3-662-27140-7   ISBN 978-3-662-28623-4 (eBook)
DOI 10.1007/978-3-662-28623-4

Alle Rechte, insbesondere das der Übersetzung
in fremde Sprachen, vorbehalten.
Copyright 1928 by Springer-Verlag Berlin Heidelberg
Ursprünglich erschienen bei Julius Springer in Berlin 1928

Vorwort

Die Herstellung von kleinsten Kältemaschinen für den Gebrauch in Haushaltungen beansprucht heute das Interesse sämtlicher Kältemaschinenfabriken. Gelingt es, diesen Maschinen Eingang in die Haushaltungen zu verschaffen, so würden sich gewaltige Absatzmöglichkeiten ergeben. In Europa sind wir in den ersten Anfängen dieser Entwicklung; sie wird durch die allgemeine wirtschaftliche Depression stark gebremst; aber die Vorgänge in Amerika, das durch seine Kapitalkraft und den höheren durchschnittlichen Wohlstand, aber auch durch frischen Wagemut und unerschütterlichen Optimismus stark begünstigt ist, lassen auch bei uns früher oder später eine starke Ausbreitung der Haushalt-Kältemaschinen vorausahnen. Wir haben daher allen Grund, die Entwicklung dieses Gebietes aufmerksam zu verfolgen.

In der deutschen und, soweit ich es übersehe, auch in der übrigen europäischen Literatur ist bisher noch nicht versucht worden, die auf diesem Gebiet geleistete Arbeit zusammenzufassen[1]. Manchen, der dieses Gebiet nicht so aufmerksam verfolgt hat, wird es vielleicht wundern, wieviel hochwertige, geistige Arbeit schon darauf verwendet wurde.

Es ist begreiflich, daß bei den großen Absatzmöglichkeiten von Haushalt-Kältemaschinen in Amerika, dieses Land an der Spitze der Entwicklung marschiert. Es war mir daher besonders wertvoll, daß ich, unterstützt vom **Verein Deutscher Ingenieure** und von der **Notgemeinschaft der Deutschen Wissenschaft** im Herbst 1927 gelegentlich einer Studienreise in den Vereinigten Staaten, diesem Gebiete besondere Aufmerksamkeit schenken konnte. Die wichtigsten amerikanischen Bauarten und die dort zu hoher Blüte entwickelte Automatik habe ich in diesem Band in großen Zügen darzustellen versucht. Es ist mir

---

[1] In Amerika ist im Verlage von Nickerson und Collins, Chicago ein Buch von H. B. Hull, Household-Refrigeration erschienen.

ein Bedürfnis, den amerikanischen Fachkollegen für das hohe Maß von Gastfreundschaft und für die mir gewährten wertvollen Einblicke in den heutigen Entwicklungsstand dieses Gebietes herzlich zu danken. Daneben habe ich natürlich auch die europäischen, insbesondere die deutschen Bauarten eingehend berücksichtigt. Der Reichtum der Formen macht die Auswahl des Stoffes schwierig und die kritische Stellungnahme wird durch den fehlenden Abstand von den Dingen unsicher. Trotzdem hoffe ich, daß eine gewisse Sichtung des vorliegenden Materials den Fachleuten willkommen sein wird und in bescheidenem Maße Anregungen zu weiteren Entwicklungen geben kann.

Karlsruhe, im Februar 1928.

R. Plank.

Inhaltsverzeichnis

Seite

Einleitung 1

I. Größe und Bauweise der Kühlschränke 4

II. Kritischer Vergleich von Kompressions- und Absorptionsmaschinen 7
   1. Betriebssicherheit 7
   2. Unfallverhütung 9
   3. Bedienung und Temperaturregelung 12
   4. Platzbedarf, Kaufpreis und Wirtschaftlichkeit 21

III. Besondere Merkmale der Kompressionsmaschinen . . 28
   1. Wahl des Kälteträgers 28
   2. Die Kompressoren 30
   3. Die Kondensatoren 47
   4. Die Verdampfer 53
   5. Einige besondere Formen von Kompressionsmaschinen . . . 55

IV. Besondere Merkmale der Absorptionsmaschinen . . . 56
   1. Wahl der Arbeitsstoffe 57
   2. Die Adsorptionsmaschinen 61
   3. Die Arbeitsweise nasser periodischer Absorptionsmaschinen . 64
   4. Ausführungsformen nasser periodischer Absorptionsmaschinen 73
   5. Ausführungsformen trockener periodischer Absorptionsmaschinen 80
   6. Kontinuierliche Absorptionsmaschinen 85

Einleitung.

Neben den Großkältemaschinen, deren Leistungen heute bis zu mehreren Millionen Kalorien in der Stunde reichen, haben sich in den letzten Jahrzehnten auch die Kleinkältemaschinen entwickelt, deren Leistungen etwa zwischen 500 und 10 000 kcal/h liegen, und die im Lebensmittelkleingewerbe in steigendem Maße Verwendung finden (Schlächtereien, Molkereien, Konditoreien, Bierhandlungen, Hotels u. a.). Sie werden fast ausschließlich nach dem Kompressionssystem gebaut und lehnten sich ursprünglich an die klassischen Formen des Großkältemaschinenbaues weitgehend an. Allmählich entwickelten sich aber auch selbständige Typen, die den besonderen Anforderungen der Kleinbetriebe in bezug auf hohe Betriebssicherheit, Einfachheit der Bedienung, geräuschlosen Gang, geringen Platzbedarf und niedrige Anschaffungskosten besser entsprachen.

Die kleinsten Kältemaschinen, die in den Haushaltungen die bisher verwendeten Eisschränke ersetzen sollen, sind eine Schöpfung der letzten Jahre; es handelt sich hier um den Leistungsbereich von 50 bis etwa 500 kcal/h und um die Erfüllung folgender Forderungen:
1. Weitgehende Betriebssicherheit und geringste Abnutzung.
2. Unbedingte Unfallverhütung.
3. Einfachste Bedienung.
4. Aufrechterhaltung einer dauernd gleichmäßigen Temperatur im Kühlschrank.
5. Völlig geräuschloser Gang.
6. Geringer Platzbedarf.
7. Niedrige Anschaffungskosten.

Neben diesen Forderungen tritt die Wirtschaftlichkeit etwas zurück, doch gibt es auch da natürlich Grenzen, die nicht überschritten werden dürfen. Wenn auch die gleichzeitige Erfüllung aller dieser Forderungen heute noch nicht in vollem Maße gelungen ist, so sind doch so wertvolle und eigenartige Bauarten auf dem Markt erschienen, daß eine kritische Übersicht über das heute vorhandene Material geboten erscheint. An der Spitze dieser Entwickelung marschieren die Vereinigten Staaten von Amerika, das einzige Land, in dem schon jetzt ein bedeutender Absatz für Haushaltungsmaschinen (einige 100 000 im Jahr) erzielt werden konnte. Einige führende amerikanische Firmen, z. B. die **Frigidaire Corporation** (General Motors) in Dayton, Ohio, und die **Kelvinator Corporation** (Electric Refrigeration Corporation) in Detroit, Michigan, haben neuerdings auch in Europa eine geschäftliche Aktivität entwickelt, die möglicherweise dazu beitragen wird, die Vorzüge der maschinellen Kühlung gegenüber der Eiskühlung auch den europäischen Haushaltungen klar vor Augen zu führen. Bisher haben die sehr zahlreichen einheimischen Firmen keine nennenswerten geschäftlichen Erfolge erzielen können. Die Entwickelung in Amerika, der wir beispielsweise auf dem Gebiete des Automobilwesens schon zu folgen beginnen, berechtigt zur Annahme, daß auch bei uns in wenigen Jahren ein maschineller Kühlschrank in den Haushaltungen etwas ebenso Geläufiges werden wird, wie es heute eine Zentralheizung oder ein Gasbadeofen ist.

Die Vorzüge der maschinellen Kühlung vor der Eiskühlung liegen einerseits in der größeren Sauberkeit des Betriebes (Fortfall des Schmelzwassers) und andererseits in der Unabhängigkeit vom Eislieferanten; gerade in den heißesten Tagen kann es vorkommen, daß die Eislieferung ausbleibt, weil den Eishändlern die Ware aus den Händen gerissen wird. Bei Verwendung von Natureis in Haushaltungen treten ferner noch hygienische Bedenken hinzu. Schließlich sind die Eispreise nicht unerheblichen Schwankungen unterworfen und die Eishändler nutzen selbstverständlich jede günstige Konjunktur aus. Dem Übergang von den Eisschränken zu maschinellen Schränken wird vielleicht ein scharfer Kampf zwischen den Eishändlerverbänden und den Kleinkältemaschinenfabrikanten vorangehen; diese Kämpfe werden in Amerika bereits ausgefochten, doch befindet man sich auch dort erst im Anfang derselben. Dagegen ist man in unparteiischen Kreisen der Ansicht, daß diese Rivalität gegenstandslos ist, da die Statistik lehrt, daß in Amerika, trotz der glänzenden Erfolge der maschinellen Kühlschränke, der Eisverbrauch für Haushaltzwecke dauernd wächst; bisher haben sehr viele Haushalte noch nicht einmal einen Eisschrank besessen. Es gibt heute in Amerika nur etwa 14 Millionen Eisschränke (neben 22 Millionen Automobilen!) gegenüber etwa $1^1/_4$ Millionen maschineller Kühlschränke. In dem Maße also wie der maschinelle Kühlschrank in die Häuser der wohlhabenden Schichten eindringt, bietet sich dem billigeren Eisschrank noch praktisch unbegrenzte Gelegenheit, neue Abnehmer unter der ärmeren Bevölkerung zu finden. Der maschinelle Schrank ist noch ein Luxusartikel, der in den Anschaffungskosten und manchmal auch in den Betriebskosten teurer ist. Nur Absorptionskältemaschinen, die mit Leuchtgas, Naturgas oder flüssigen Brennstoffen beheizt werden, sind im Betriebe besonders billig; bei elektrischem Betrieb dagegen sind die Kompressionsmaschinen unbedingt im Vorzug.

I. Größe und Bauweise der Kühlschränke.

Für mittlere Haushaltungen genügt ein Nutzinhalt des Kühlschranks von etwa 0,15 cbm. Der gesamte Kältebedarf beträgt dann je nach der Güte der Isolierung 800 bis 1200 kcal in 24 Stunden entsprechend der Schmelzwärme von 10 bis 15 kg Eis. Davon entfallen auf die Nutzkälteleistung etwa 500 kcal/Tag. Die Temperatur im Schrank soll auf etwa $+5°$ gehalten werden; eine wichtige Forderung, die nicht immer beachtet wird, ist die sorgfältige Isolierung des Schrankes. Ein Kühlschrank von 0,15 cbm Nutzinhalt hat eine Oberfläche von rund 2 qm; bei einer Temperaturdifferenz von $20°$ zwischen Kühlraum und Außenraum betragen die Kälteverluste in 24 Stunden:

bei einer Isolierschicht von 10 cm Korkstein 300 kcal
,,   ,,   ,,   ,,   5 cm Korkstein 600 kcal,

zu denen man in beiden Fällen noch etwa 100 kcal für Verluste durch das Öffnen der Türen hinzurechnen muß. Beträgt die gesamte Kälteleistung der Maschinen beispielsweise 1000 kcal/Tag, so ergibt sich eine Nutzkälteleistung von 600 bzw. 300 kcal im Tag. Die Nutzkälteleistung ist also in diesem Beispiel der Isolierstärke direkt proportional[1]. Andererseits ist nicht zu verkennen, daß die schwächer isolierten Kühlschränke ein gefälligeres Aussehen haben, etwas billiger sind und wegen der kleineren Raummaße auch niedrigere Frachtkosten verursachen. Ein nach wärmewirtschaftlichen Gesichtspunkten richtig isolierter Kühlschrank wirkt immer etwas plump, da sein Nutzraum im Verhältnis zum Gesamtraum recht klein wird (50%).

In Amerika begnügt man sich in der Regel mit einer Korkisolierung von 5 cm, da dort erfahrungsgemäß ein möglichst niedriger Anschaffungspreis den Kunden stärker beeinflußt als niedrige Be-

---

[1] Bei gewöhnlichen Eisschränken beträgt die Nutzkälteleistung kaum mehr als 15 bis 20% von der gesamten Kälteleistung.

triebskosten. Vielfach werden an Stelle von Korkstein billigere und in dem betreffenden Lande gewinnbare Ersatzstoffe benutzt; so werden jetzt sämtliche Frigidaireschränke mit sogenanntem „Rockcork" isoliert. Das Ausgangsprodukt hierfür ist Kalksandstein, der durch einen Dampfstrahl in einen faserigen Zustand versetzt wird und dem dann Bindemittel zugesetzt werden. Nach Messungen des „Bureau of Standards" in Washington ist die Wärmeleitzahl von „Rockcork" nur um etwa 20% höher als von gutem Naturkorkstein.

Die Kühlschränke werden aus Holz oder aus Eisen gebaut. Die hölzernen Schränke sind den gewöhnlichen Eisschränken nachgebildet; sie bestehen (Abb. 1 und 2) aus 2 oder mehreren ineinandergesetzten Holzkisten mit Zwischenlagen aus einem Isoliermaterial (gepreßter Kork mit Asphaltpappe, gepreßte Torfplatten, Glaswolle oder Luftschichten). Als bestgeeignete Holzart gilt Esche, daneben verwendet man Eiche und Fichte. Die Außenwände werden mit einer geruchlosen Ölfarbe angestri-

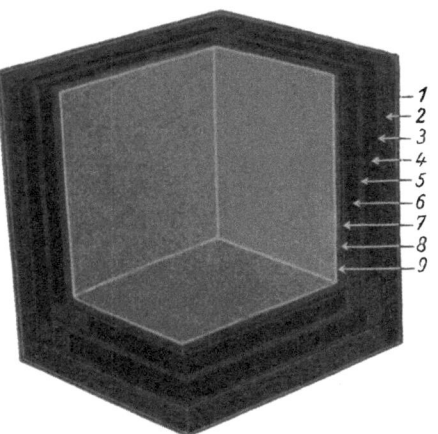

Abb. 1. Kühlschrankecke. *1* äußere Porzellanverkleidung; *2* 13/16" Holzwand; *3* Filzschicht; *4* 3/4" Korkplatte; *5* 3/16" Holzwand; *6* 3/4" Korkplatte; *7* Filzschicht; *8* 3/16" Holzwand; *9* innere Porzellanverkleidung.

chen und lackiert oder man verwendet bei besseren Kühlschränken eine Porzellanverkleidung mit einer Zwischenlage aus Filz. Für die innere Verkleidung des Kühlschrankes wählt man: Porzellan (in einem Stück), Glanzkacheln, Asbestschieferkompositionen und seltener verzinktes Eisenblech. Die Innen- und Außenwände müssen sich leicht und gründlich reinigen lassen, daher sind im Inneren scharfe Ecken und Kanten zu vermeiden und die Verkleidung gut abzurunden (Abb. 2). Auch außen strebt man nach glatten abgerundeten Formen ohne unnütze Verzierungen, die nur als Staubfänger wirken. Die Tür, die einteilig oder zweiteilig ausgeführt wird, muß ebenfalls gut isoliert sein und sehr dicht abschließen; für die Abdichtung (Abb. 2) verwendet man eine dünne Zwischenlage aus Filz, Gummi oder aus einem speziellen Material. Die Beschläge werden bei den besseren Schränken aus Nickel, Monelmetall oder ähnlichen Legierungen hergestellt. Die ganze Konstruktion des Schrankes muß so stabil sein, daß er den Transport ohne Schaden verträgt.

Ein Nachteil der hölzernen Kühlschränke ist, daß sie in vielen tropischen Gegenden vom Holzwurm befallen werden. Es werden daher für Übersee meist eiserne Schränke geliefert; aber auch sonst verwendet man sie in steigendem Maße, nachdem man die Herstellungsschwierigkeiten überwunden hat. Die Wandstärken fallen dabei etwas geringer aus als bei Holzschränken, und auch das Gesamtgewicht ist eher kleiner. So besteht beispielsweise das Innere des „Frigidaire"-Kühlschrankes der General Motors Company in Dayton, Ohio, aus einem geschweißten Stahlbehälter, der im Glühofen mit Porzellanemaille dick überzogen ist; die Herstellung muß sehr sorgfältig sein, um ein nachträgliches Verziehen der Platten und das damit verbundene Abbröckeln der Emaille zu verhindern. Seiten, Boden und Decke sind mit 5 cm, Rückwand und Tür mit 6,5 cm starken „Rockcork"-Platten isoliert. Die äußere Bekleidung besteht ebenfalls aus Stahlblech mit Monelleisten. Die Bekleidungsbleche werden mit mehreren Schichten Zelluloidlack gespritzt und dann poliert. Die Schränke können innen und außen mit heißem Wasser und Sodalösung gewaschen werden. In der neuen Kühlschrankfabrik der Frigidaire Corp. bei Dayton können täglich in fließender Fertigung bis zu 1500 Haushaltschränke hergestellt werden.

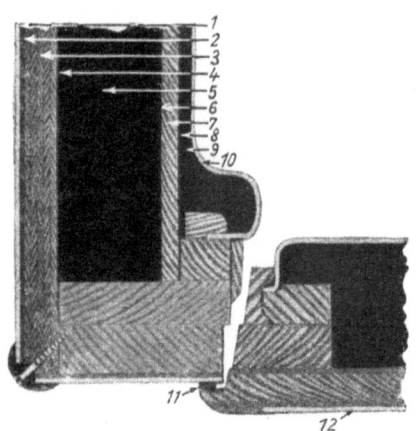

Abb. 2. Kühlschrank, Wand und Tür. *1* äußere Porzellanverkleidung; *2* Filzschicht; *3* 5×1/8" Holzwand; *4* Asphaltpappe; *5* 2" Korkplatten; *6* Asphaltpappe; *7* 1/8" Holzwand; *8* Asphaltpappe; *9* Luftzwischenraum; *10* innere Porzellanverkleidung; *11* Dichtungsschnur; *12* Verkleidung der Tür.

II. Kritischer Vergleich von Kompressions- und Absorptionskältemaschinen.

Die Kühlung der Schränke kann entweder nach dem Kompressions- oder nach dem Absorptionssystem erfolgen. Bei den Absorptionsmaschinen unterscheidet man außerdem zwischen solchen die periodisch und solchen die kontinuierlich arbeiten. Es fragt sich inwieweit die verschiedenen Systeme die zu Anfang aufgestellten 7 Forderungen erfüllen.

1. Betriebssicherheit.

Beim Kompressionssystem haben wir es immer mit „Maschinen" zu tun. Die bewegten Teile des Kompressors sind im Laufe der Zeit auch bei sorgfältiger Schmierung einer Abnutzung unterworfen und die Notwendigkeit einer Schmierung bedeutet an sich schon eine Komplikation. Das in die Druckleitung und weiter in den Kondensator und Verdampfer mitgerissene Öl muß in den im Kurbelkasten angeordneten Sammelbehälter zurückgeführt werden (Abb. 7). Die empfindlichsten Teile sind die Ventile und die Stopfbüchse. Die Saugventile werden gelegentlich durch Schlitze im Zylinder ersetzt, die entweder vom Kolben oder durch eine oszillierende Bewegung des Zylinders gesteuert werden. Im übrigen werden leichte Platten- oder Tellerventile verwendet, bei denen durch Schmutzteilchen oder durch Bruch Störungen eintreten können. Die Stopfbüchse hat allerdings nur eine rotierende Kurbelwelle abzudichten, da es sich meistens um einfachwirkende stehende Bauarten oder um Drehkolbenmaschinen handelt. Trotzdem gibt die Stopfbüchse zu Undichtigkeiten Anlaß, und das gleiche gilt von den Ventilen in den Verbindungsleitungen der einzelnen Apparate, die oft schon deswegen vorgesehen werden, um die einzelnen Teile (Kompressor, Kondensator und Verdampfer) absperren zu können, falls die Maschine an irgendeiner Stelle zur Kontrolle geöffnet werden muß. Die amerikanischen Kompressionsfirmen sehen solche regelmäßigen Revisionen durchaus vor, die in gewissen Zeitabständen durch Montageingenieure bei allen Kunden vorgenommen werden. Beim Verkauf wird die Verpflichtung übernommen, alle notwendigen Reparaturen im ersten und manchmal auch im zweiten Jahr kostenlos auszuführen (Service). Neben einer allgemeinen Prüfung des Zustandes der Maschine und des Schranks dienen diese

Revisionen zum Nachfüllen von Öl und nötigenfalls auch von Kältemitteln. Die erste aufgestellte Forderung kann also bei guten Bauarten von Kompressionsmaschinen zwar sehr weitgehend aber nie restlos erfüllt werden.

Die aus dem Großkältemaschinenbau bekannte normale Absorptionsmaschine besitzt an bewegten Teilen nur eine einfache kleine Flüssigkeitspumpe für die reiche Lösung. Bei den kleinen Haushaltungs-Absorptionsmaschinen kommt auch diese Pumpe in Fortfall und das Prinzip der Bewegungslosigkeit wird vollständig durchgeführt; man hat es daher nicht mehr mit einer „Maschine", sondern mit einer chemischen Apparatur zu tun. Der Fortfall aller bewegten Teile ist bei einer periodisch wirkenden Maschine leicht zu erzielen, bei einer kontinuierlichen dagegen ist er erst nach geistvoller erfinderischer Tätigkeit gelungen, deren wesentlichste Ergebnisse in einem weiteren Abschnitt skizziert werden. Die Bewegungslosigkeit bezieht sich übrigens nur auf die Arbeitsbewegungen von Maschinenteilen zur Durchführung des Kälteerzeugungsprozesses, nicht aber auf die kleinen Schaltbewegungen der automatischen Regelvorrichtungen, die oft in größerer Zahl an jeder Haushaltungsmaschine vorgesehen werden. Eine Abnutzung durch bewegte Teile findet also bei Absorptionsmaschinen nicht statt und damit entfallen alle Schmierungsfragen und alle Geräusche; darin liegt wohl der Hauptvorteil dieses Systems. Eine gewisse Abnutzung kann trotzdem durch chemische Einwirkungen der Arbeitsflüssigkeit auf die verwendeten Baustoffe eintreten: so werden beispielsweise die Schweißnähte von eisernen Behältern durch wässerige Ammoniaklösungen besonders bei höheren Temperaturen auf die Dauer angegriffen. Die Betriebssicherheit kann ferner bei solchen Absorptionsmaschinen leiden, die noch Flanschverbindungen oder Ventile besitzen, die Undichtigkeiten verursachen können. Schließlich wird bei Gemischen von Wasser und Ammoniak die häufig notwendige Rückführung der aus dem Kocher in den Verdampfer mitgerissenen Wasserteile störend empfunden. Durch die Wahl anderer Arbeitsstoffe kann man diese Schwierigkeit umgehen.

Die automatischen Vorrichtungen an Kompressions- und Absorptionsmaschinen, auf die in weiteren Abschnitten ausführlich eingegangen wird, müssen sehr sorgfältig durchgebildet werden, da sie sonst die Betriebssicherheit stark beeinträchtigen können.

2. Unfallverhütung.

Die Erfüllung dieser Forderung muß als die wichtigste bezeichnet werden[1]. Unfälle können entstehen:
durch unzulässige Drucksteigerung in der Maschine,
durch den Bruch bewegter Teile,
durch chemische Einwirkungen auf die Baustoffe.

Die nächstliegende Gefahr besteht darin, daß man eine Kältemaschine anläßt, ohne gleichzeitig für die Kühlung des Kondensators zu sorgen, oder daß während des Betriebes der Kühlwasserzufluß aus irgendwelchen Gründen stockt und der Kondensatordruck dann unzulässig hoch ansteigt. Die Einschaltung der Energiequelle

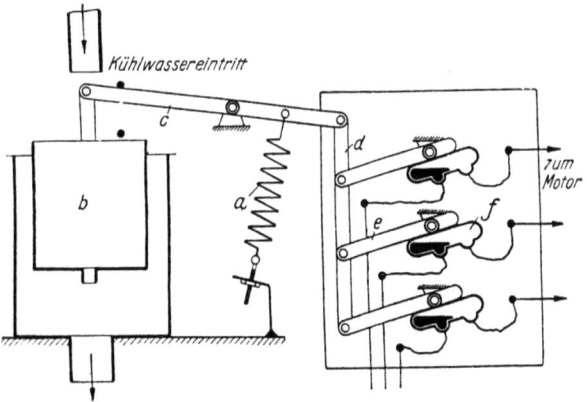

Abb. 3. Automatischer Schalter. (F. Sauter, Basel, und Cumulus-Werke, Freiburg.)

wird daher stets zwangläufig mit der Öffnung des Kühlwasserhahns gekuppelt. (Das Druckabsperrventil bleibt bei den kleinen Kompressionsmaschinen ohnehin dauernd geöffnet.) Eine besondere automatische Vorrichtung muß aber außerdem dafür sorgen, daß beim Versagen des Kühlwasserzuflusses der elektrische Strom bzw. das Gas sofort ausgeschaltet wird; die Schaltbewegung kann dabei nach Abb. 3 (F. Sauter, Basel, und Cumulus-Werke, Freiburg) durch die Senkung eines durch eine Feder a hochgehaltenen Durchflußwasserbechers b unter der Schwerewirkung des einfließenden Wassers erfolgen; die Senkbewegung wird durch ein Hebelsystem c, d,

---

[1] Vgl. Zäuner E: Zeitschr. f. d. ges. Kälteindustrie Bd. 34, S. 137, 1927 und „Refrigeration Safety Code", herausgegeben als Cirkular Nr. 6 von der Amer. Soc. of Refrigerating Engineers.

10 Kritischer Vergleich von Kompressions- u. Absorptionskältemaschinen.

e, beispielsweise auf einen elektrischen Schalter f mit Quecksilberröhren übertragen. Es kann auch eine Membran durch den Druck in der Wasserleitung derart beeinflußt werden, daß sie den elektrischen Strom ausschaltet oder das Gasventil schließt, Abb. 57 und 58, wenn der Wasserdruck sinkt. Vielfach werden auch kalibrierte Bruchplatten vorgesehen, die bei Erreichung eines Höchstdruckes gesprengt werden.

In vielen Fällen ist es zweckmäßig, die Kühlfläche des Kondensators so groß zu wählen, daß beim Ausbleiben des Kühlwassers der Druck einen bestimmten noch ungefährlichen Höchstwert nicht überschreitet, auch wenn die Energiequelle sehr lange nicht abgestellt wird. Häufig wird auch der Kondensator in einen Behälter gesetzt, der auch beim Ausbleiben des Kühlwassers gefüllt bleibt, so daß er noch einen Teil der Kondensationswärme aufnehmen kann.

Die größte Sicherheit bieten solche Kältemaschinen, die gar kein Kühlwasser benötigen, bei denen also der Kondensationsvorgang durch Luftkühlung bewirkt wird. Trotz der größeren erforderlichen Kühlfläche und des erhöhten Energieverbrauchs (höherer Kondensatordruck) werden die „Luftkondensatoren" in Amerika bei Kompressionsmaschinen fast ausschließlich angewandt. Ganz besonders sind sie natürlich dort am Platze, wo starker Kühlwassermangel herrscht. Die Kondensatorspiralen werden durch einen Ventilator angeblasen, der im Schwungrad des Kompressors oder auf der Welle des Elektromotors angeordnet ist. Sobald also der Kompressor läuft, wird auch für Kühlung des Kondensators gesorgt, und der Druck kann nie übermäßig steigen; darin liegt ein großer Vorzug der Kompressiosmaschinen. Absorptionsmaschinen sind bisher nicht mit Luftkühlung ausgeführt worden, weil der Antrieb des Ventilators Schwierigkeiten bereitet (z. B. bei gasbeheizten Absorptionsmaschinen), und das Prinzip der Bewegungslosigkeit durchbricht, und weil nicht nur der Kondensator, sondern auch der Absorber gekühlt werden müßte. An der Schaffung einer luftgekühlten Absorptionsmaschine wird aber intensiv gearbeitet, und manche Schwierigkeiten können bereits als überwunden gelten.

Die Folgen eines Unfalls können dadurch gemildert werden, daß man die Füllung mit Kältemittel möglichst klein macht; in folgender Tabelle ist die Füllung für einige Typen angegeben:

Fabrikat	Kälteleistung kcal/h	Kältemittel	Füllung kg
Frigidaire	135	SO_2	0,7
Kelvinator	150	SO_2	0,9
Kryos	150	SO_2	1,0
Isko	300	SO_2	1,4
General Electric	75	SO_2	2,6
Copeland	150	C_4H_{10}	0,6

Es empfiehlt sich, bei Kompressionsmaschinen nur solche Kältemittel zu verwenden, die selbst bei hohen Temperaturen keinen sehr hohen Sättigungsdruck besitzen; aus diesem Grunde wird Ammoniak fast gar nicht verwendet. Bei Absorptionsmaschinen mit wässerigen Ammoniaklösungen tritt durch die Druckentlastung beim Bruch auch ein starkes Nachverdampfen des Wassers ein (das bekanntlich bei Kesselexplosionen die zerstörenden Wirkungen herbeiführt); deswegen verwendet man neuerdings gerne feste, trokkene Absorptionsstoffe.

Eine besondere Aufgabe entsteht bei den gasgeheizten Absorptionsmaschinen durch die Möglichkeit einer unbeabsichtigten Unterbrechung der Gaszufuhr. Diese Maschinen besitzen neben der Hauptbetriebsflamme noch eine kleine Zündflamme, die ununterbrochen brennen soll.

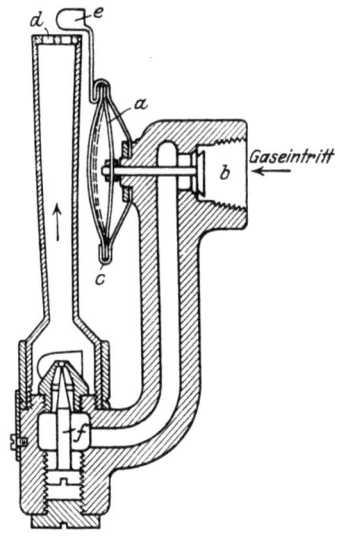

Abb. 4. Sicherheitsbrenner (Spencer Thermostate Co., Cambridge, Mass.). *a* bimetallische Platte; *b* Gasventil; *c* Gehäuse *d* Gasaustritt; *e* Zunge; *f* Regulierschraube.;

Tritt nun eine unbeabsichtigte Unterbrechung der Gaszufuhr ein, so erlischt sowohl die Betriebsflamme wie auch die Zündflamme. Bei erneuter Gaszufuhr wird dann das Gas ohne Zündung in den Raum, in welchem die Maschine steht, ausströmen, was bei längerer Dauer (z. B. nachts) leicht zu Unglücksfällen führen kann. Das macht es notwendig, einen Sicherheitsbrenner vorzusehen, der bei Unterbrechung der Gaszufuhr die Gasleitung automatisch schließt. Die Wirkungsweise eines solchen Sicherheitsbrenners ist aus Abb. 4 ersichtlich: Das wesentliche Element ist die

Ausklinkscheibe a, eine dünne, kreisrunde, bimetallische Platte, die auf der einen Seite aus Messing und auf der anderen Seite aus Invarstahl besteht. Während Messing einen hohen Wärmeausdehnungs-Koeffizienten besitzt, ist er beim Invarstahl sehr gering. Die Platte a befindet sich in kalten Zustand in der punktierten Lage, die wir als konkav bezeichnen wollen (die Invarstahlseite liegt dabei links); das Gasventil b ist dann geschlossen. Wird nun die Scheibe a bei Inbetriebsetzung der Kältemaschine erwärmt, indem man unter das Gehäuse c ein Streichholz hält, so tritt durch die Ausdehnung der Messingseite ein Ausklinken in die ausgezogene konvexe Lage ein, wodurch das Gasventil b geöffnet wird und das Gas bei d angezündet werden kann. Der Öffnungshub des Gasventils beträgt nur rund 1 mm. Durch die Wärmeleitung der in der Gasflamme liegenden Kupferzunge e wird die Scheibe a solange heiß gehalten wie die Flamme bei d brennt. Tritt eine Unterbrechung der Gaszufuhr ein, so kühlt sich in wenigen Minuten die Zunge e und die Scheibe a so weit ab, daß letztere wieder in die punktierte konkave Lage ausklinkt und das Gasventil schließt. Die Stellschraube f gestattet die Durchflußmenge des Gases zu regulieren. Die Bimetallscheiben (unter der Bezeichnung „Klixon-Disc") und auch ganze Sicherheitsbrenner werden in Amerika von der Spencer Thermostate Co. in Cambridge, Mass., geliefert.

Unfälle, die durch den Bruch bewegter Teile hervorgerufen werden können natürlich nur bei Kompressionsmaschinen eintreten; so kann beispielsweise der Zylinder durch den Bruch eines Ventils zerstört werden. Solche Unfälle dürften aber doch nur äußerst selten eintreten und können jedenfalls durch konstruktive Maßnahmen weitgehend eingeschränkt werden.

Ebenso werden auch chemische Einwirkungen nur selten zu gefahrvollen Brüchen führen. Die Korrosionen führen viel eher zu Haarrissen, die sich durch den Geruch des entweichenden Kältemittels bemerkbar machen; diese Fälle kennzeichnen eher einen Mangel an Betriebssicherheit, als ein wirkliches Gefahrmoment.

3. Bedienung und Temperaturregelung.

Es ist selbstverständlich, daß bei einer Haushaltungsmaschine kein geschultes Bedienungspersonal vorausgesetzt werden darf. Es müssen einige einfache Handgriffe genügen. Bei Kompressionsmaschinen muß daher die Schmierung völlig automatisch sein; in der Regel wird nicht Druckschmierung, sondern Schleuderschmierung angewandt. Ferner muß sich das Regulierventil bei wechselnden Kühlwasserverhältnissen und veränderlichen Kühlschrank-Temperaturen selbsttätig einstellen. Zu diesem Zweck verbindet man das kegelförmige Regulierventil a (Abb. 5 Isko Company, Chicago, Ill.) mit einer Membran b, die auf der einen Seite durch eine Feder c belastet wird, deren Vorspannung durch die Schraube d auf das gewünschte Maß gebracht werden kann; auf die andere Seite der Membran

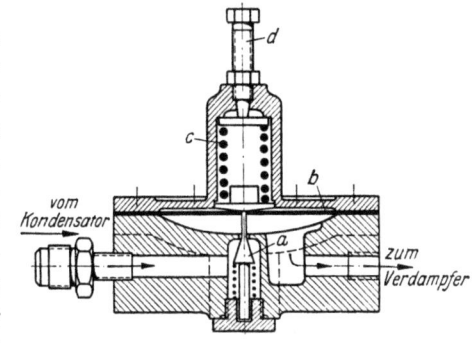

Abb. 5. Automatisches Regulierventil (Isko Co., Chicago).

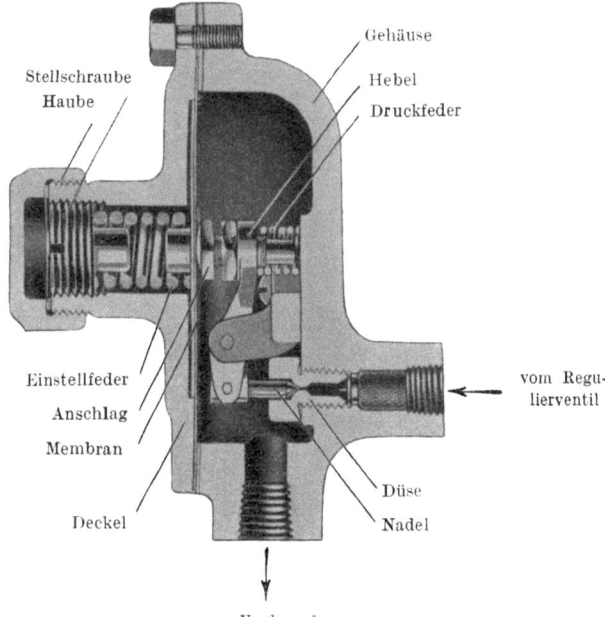

Abb. 6. Automatisches Regulierventil der Zerozone-Maschine (Iron-Mountain Co., Chicago).

14 Kritischer Vergleich von Kompressions- u. Absorptionskältemaschinen.

wirkt der Verdampferdruck, bei dessen Ansteigen der Durchgangsquerschnitt des Regulierventils stärker gedrosselt wird. Eine ähnliche Lösung dieser Aufgabe zeigt das automatische Regulierventil der „Zerozone"-Maschine (Abb. 6, Iron-Mountain Co., Chicago). Ein grundsätzlich anderer Weg besteht darin, daß man die Öffnung des Regulierventils nicht durch den Verdampferdruck, sondern durch die Menge des flüssigen Kältemittels im Verdampfer beeinflußt; man bedient sich zu diesem Zweck eines Schwimmers, der bei steigendem Flüssigkeitsstand den weiteren Zufluß absperrt. Solche Schwimmer werden beispielsweise von der Nizer Corporation in

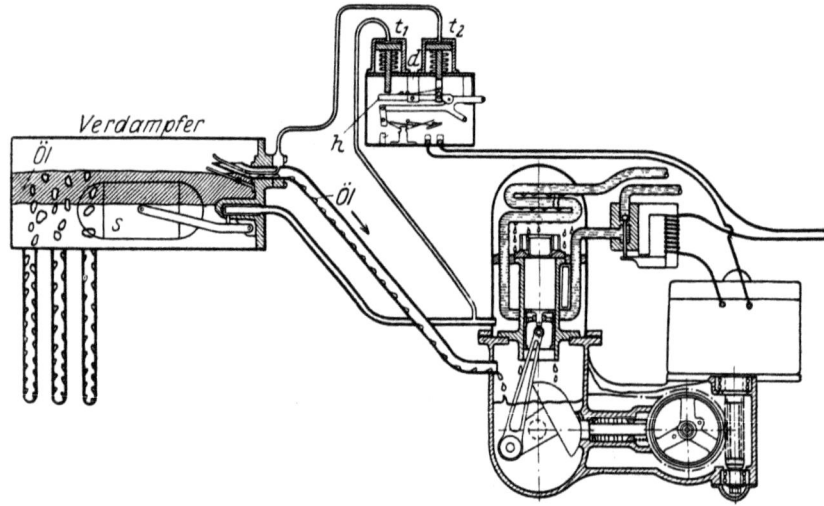

Abb. 7. Schema der Nizer-Kältemaschine der Electric Refrigeration Corp. Detroit.

Detroit, Mich. (Abb. 7) und in den „Frigidaire"-Kühlschränken der General Motors Co. in Dayton, Ohio, (Abb. 24) verwendet. Der im Verdampfer liegende Schwimmer s betätigt ein Nadelventil n, das den Zufluß des verflüssigten Kältemittels regelt. Durch die Öffnung o in der Kopfplatte k fließt das mitgerissene Öl, das auf der flüssigen schwefligen Säure schwimmt, in das Kurbelgehäuse des Kompressors zurück.

Die Automatik kann sich ferner auf die Aufrechterhaltung einer zeitlich möglichst gleichmäßigen Temperatur im Kühlschrank erstrecken. Die zu diesem Zweck verwendeten Thermostaten können von der Lufttemperatur im Kühlschrank direkt beeinflußt werden; die Schaltbewegung kann beispielsweise durch die verschiedene thermische Ausdehnung zweier Metalle bewirkt werden (z. B. bei den Apparaten von Fr. Sauter, Basel, und der Cumulus-Werke in Freiburg i. B.). Die Lufttemperatur kann aber auch indirekt durch die sie bestimmende Verdampfungstemperatur des Kältemittels oder, bei Solekühlung, auch durch die Soletemperatur geregelt werden. Man benutzt als Thermostaten häufig eine elastische blasebalgartige kupferne Membran a von 0,2 mm Wandstärke (Abb. 8, Kelvinator), die mit einem flüchtigen Stoff (schweflige Säure, Methylchlorid, Äthylchlorid oder Äther) gefüllt ist; diese Membran wird entweder in die Sole getaucht oder von den letzten Verdampferspiralen b eng umwunden. Sinkt die Verdampfungstemperatur, so sinkt auch der Sättigungsdruck der in der Membran a eingeschlossenen Flüssigkeit; die Membran zieht sich zusammen und diese Schaltbewegung wird auf den elektrischen Schalter c übertragen, der den Antriebsmotor des Kompressors bzw. den Heizstrom im Kocher einer Absorptionsmaschine ausschaltet. Bei steigender Verdampfungstemperatur wird durch die entgegengesetzte Bewegung der elektrische Strom wieder eingeschaltet. Abb. 9 zeigt die konstruktive Durchbildung dieses automatischen Schalters.

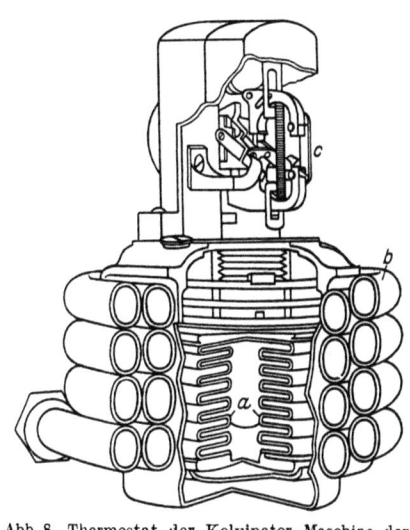

Abb. 8. Thermostat der Kelvinator-Maschine der Electric Refrigeration Corp. Detroit.

Der Verdampferdruck kann aber einen Schalter auch unmittelbar betätigen. Die Wirkungsweise eines solchen Temperaturreglers ist aus den Abb. 25 (Frigidaire) ohne weiteres zu erkennen. Ein weiteres Beispiel zeigt Abb. 7 (Nizer Corporation); hier wird der Schalter gleichzeitig von der Hochdruck-(Kondensator-)seite t_1 und von der Niederdruck-(Verdampfer-)seite t_2 betätigt. Die federbelasteten Steuerkolben übertragen die Schaltbewegung auf einen um d drehbaren Hebelarm h. Dadurch, daß t_1 links und t_2 rechts

16 Kritischer Vergleich von Kompressions- u. Absorptionskältemaschinen.

vom Drehpunkt d angreift, wirkt eine unzulässige Erhöhung des Kondensatordrucks ebenso wie eine übermäßige Senkung des Verdampferdrucks gleichsinnig auf den Hebel h ein und schaltet den Strom aus. Die Regulierung wird in der Regel so eingestellt, daß die Lufttemperatur im Schrank nicht unter $+4°$ sinkt und nicht über $+8°$ steigt.

Die bisher betrachteten sogenannten offenen Schalter haben den Nachteil, daß die kupfernen Kontakte an der Luft leicht oxydieren, was Betriebsstörungen zur Folge hat. Selbst eine Versilberung der Kontakte bildet auf die Dauer keinen wirksamen Schutz. Man verwendet daher häufig geschlossene Stromschalter in der Form kippbarer, mit Quecksilber gefüllter Glasröhren, denen wir schon in Abb. 3 begegnet sind. Ein weiteres, sehr verbreitetes Aufführungsbeispiel zeigt Abb. 10 (Gleichstrom). In B befindet sich wieder die elastische, blasebalgartige, kupferne Membran mit einer leicht siedenden Flüssigkeit, deren Dampfdruckänderung den mit der Feder C belasteten Stab S bewegt. Diese Bewegung wird durch die Hebel H_1 und H_2 auf die Glasröhre A übertragen, die beim Kippen den Strom durch die Quecksilberfüllung Q schließt. F_1 und F_2 sind feste Drehpunkte, G_1 und G_2 — bewegliche Gelenkpunkte, K — ein Gleitpunkt. Die durch die Schraube D verstellbare Vorspannung der Feder C gestattet den Temperaturbereich des Thermostaten einzustellen, wogegen die mittels Schraube L verstellbare Vorspannung der Feder E die gewünschte Temperaturdifferenz zwischen der Ein- und Ausschaltung des Stromes bestimmt. Bei den hier gewünschten tiefen Temperaturen läßt sich diese Differenz bis auf etwa $2°$

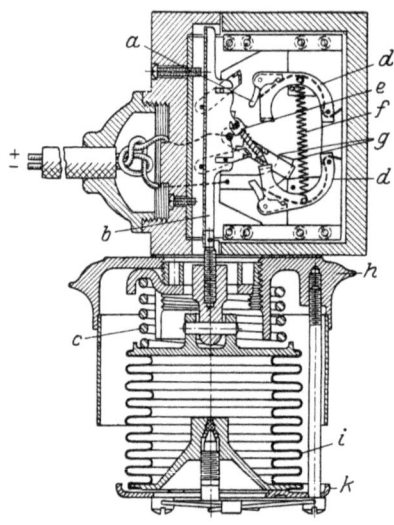

Abb. 9. Konstruktive Details zu Abb. 8. a Schalthammerhaken; b Schalthebel; c Belastungsfeder; d Schalthammer; e Schalterauslösestiel; f Schalthammerfeder; g Kontakte; h obere Spannungsplatte; i kupferne Balg-Membran; k untere Spannungsplatte.

Bedienung und Temperaturregelung.

herunterbringen, in der Regel genügen jedoch 4 bis 5°; bei höheren Temperaturen kann man mit dieser Vorrichtung die Temperaturschwankungen sogar auf nur 1° beschränken. Die Glasröhren müssen sehr sorgfältig hergestellt werden. Sie werden evakuiert und mit Wasserstoff gefüllt, um den Lichtbogen sofort auszulöschen. Das Quecksilber muß weitgehend gereinigt sein, da sich alle Verunreinigungen auf den Kontakten absetzen würden. Diese Quecksilberschalter vertragen Belastungen bis zu 1,1 kW (10 Amp. bei 110 Volt bzw. 5 Amp. bei 220 Volt), sie können daher bei kleinen Haushaltmaschinen unmittelbar in

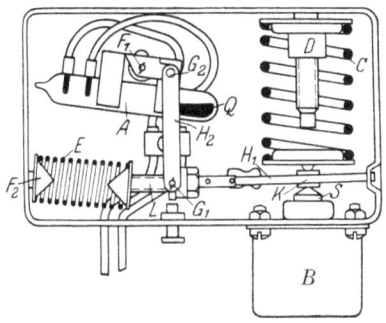

Abb. 10. Quecksilber-Schalter (American Radiator Co. New York und Chicago).

den Stromkreis des Motors geschaltet werden (Abb. 11b). Bei größeren Stromstärken muß ein Relais nach Abb. 11a benutzt werden, wobei die Quecksilberröhre im Nebenschluß liegt. Solche

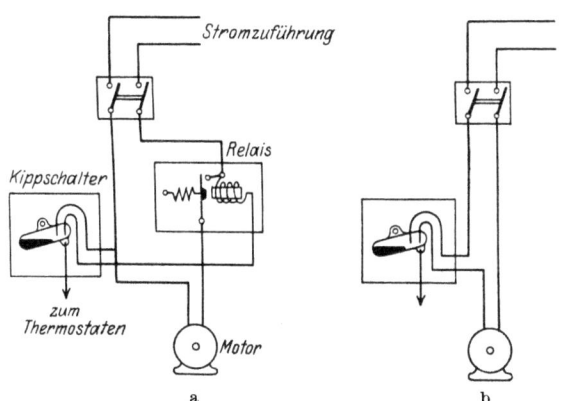

Abb. 11. Leitungsschemata für automatischen Schalter.

geschlossene Quecksilberschalter werden in Amerika in sehr vollkommener Ausführung, beispielsweise von der Absolute Contactor Corporation in Elkhart, Ind., und von der Federal Gauge Company in Chicago hergestellt.

Plank, Haushalt-Kältemaschinen.

18 Kritischer Vergleich von Kompressions- u. Absorptionskältemaschinen.

Die Beschreibung der Wirkungsweise zweier vollautomatischer Kühlschränke findet sich auf den Seiten 73 bis 80. Es ist Geschmacksache, wie weit man die Automatik eines Kühlschrankes treiben will; die Amerikaner gehen darin sehr weit, in Europa dagegen werden einige einfache Handgriffe noch vielfach

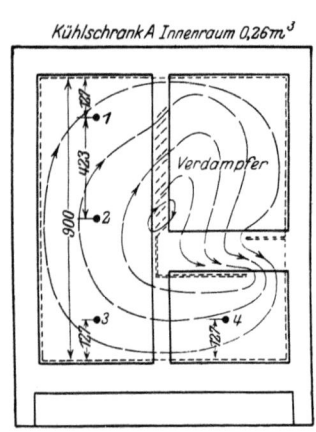

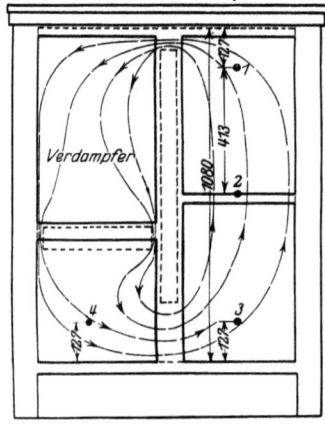

Abb. 12. Räumliche Temperaturverteilung im Kühlschrank.

Abb. 13. Räumliche Temperaturverteilung im Kühlschrank.

Meßstelle	Temperaturen im Kühlschrank bei einer Außentemperatur von:		
	21°	27°	32°
1	t°	t°	t°
2	t−1,2	t−2,0	t−2,5
3	t−1,5	t−2,5	t−3,3
4	t−2,2	t−3,0	t−4,0
größte Temp.-Differenz	2,2°	3,0°	4,0°

Meßstelle	Temperaturen im Kühlschrank bei einer Außentemperatur von:		
	21°	27°	32°
1	t°	t°	t°
2	t−2,5	t−3,0	t−3,6
3	t−3,5	t−4,5	t−5,1
4	t−3,5	t−4,5	t−5,6
größte Temp.-Differenz	3,5°	4,5°	5,6°

in Kauf genommen. Man darf auch nicht vergessen, daß die automatischen Einrichtungen den Kaufpreis erhöhen, und daß schließlich auch ein Automat einmal versagen kann, wenn beispielsweise die Kontaktstellen nicht regelmäßig gereinigt werden; hat man sich dann auf die selbsttätige Wirkung vollkommen verlassen, so kann unter Umständen ein größerer Schaden entstehen, als wenn man sich gewöhnt, gewisse einfache Handgriffe regelmäßig selbst auszuführen. Unvollkommene Automaten sind jedenfalls viel schlimmer als gar keine.

Die Kompressionsmaschinen und die kontinuierlichen Absorptionsmaschinen arbeiten je nach der Jahreszeit 6 bis 12 h täglich. Periodische Absorptionsmaschinen haben eine Kochzeit von $1^1/_2$ bis 2 h und sollen während der übrigen 22 h kühlen; bei automatischer Umschaltung können auch täglich mehrere kürzere Koch- und Kühlperioden vorgesehen werden. Es ist klar, daß während der Betriebspausen Temperaturerhöhungen eintreten werden, und daß bei den periodischen Absorptionsmaschinen die Hauptkälteerzeugung in den ersten Abschnitt der Kühlperiode fallen wird. Viele Firmen (aber keinesfalls alle, vgl. Tabelle 3) sehen daher einen Kältespeicher in Form eines Behälters mit einer schwergefrierenden Flüssigkeit vor (Chlorkalzium —, Glyzerin[1] — oder Alkohollösungen in Wasser); gelegentlich wird auch die Konzentration dieser Flüssigkeit mit Absicht so schwach gewählt, daß ein Teil derselben gefrieren kann, wodurch die Kältespeicherfähigkeit wesentlich erhöht wird.

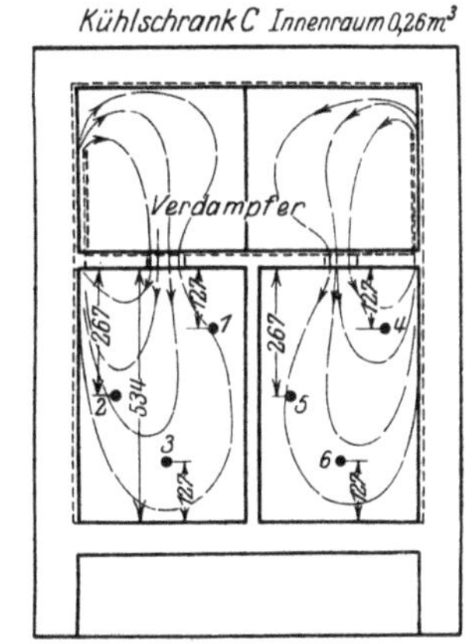

Abb. 14. Räumliche Temperaturverteilung im Kühlschrank.

Neben den zeitlichen Temperaturschwankungen sind auch noch die örtlichen Temperaturunterschiede in einem Kühlschrank zu beachten, die von der Form des Kühlraums und der Anordnung des Verdampfers abhängen. Das Ideal wäre eine völlig gleichmäßige Temperatur im ganzen Kühlraum. Diese Forderung ist aber grundsätzlich unerfüllbar, da die Wärmeübertragung vorwiegend durch die freie Konvektionsströmung der Luft erfolgt, die gerade durch gewisse Temperaturunterschiede (Dichteunterschiede) hervorgerufen wird. Immerhin ist aus den Abb. 12, 13 und 14 zu ersehen, daß die

Meßstelle	Temperaturen im Kühlschrank bei einer Außentemperatur von:		
	21°	27°	32°
1	t^0	t^0	t^0
2	$t - 0{,}17$	$t - 0{,}5$	$t - 1{,}0$
3	$t - 0{,}33$	$t - 0{,}5$	$t - 1{,}0$
4	t^0	t^0	t^0
5	$t - 0{,}45$	$t - 0{,}5$	$t - 1{,}1$
6	$t - 0{,}45$	$t - 0{,}5$	$t - 1{,}1$
größte Temp.-Differenz	0,45°	0,5°	1,1°

---

[1] Die Verwendung von Glyzerin ist nicht sehr vorteilhaft, weil die hohe Zähigkeit die Ausbildung der die Wärmeübertragung begünstigenden Konvektionsströme hindert.

20 Kritischer Vergleich von Kompressions- u. Absorptionskältemaschinen.

größten Temperaturunterschiede von der geometrischen Konfiguration sehr abhängig sind. Die mit Thermoelementen gemessenen Temperaturen sind einer Arbeit von R. R. Young entnommen[1].

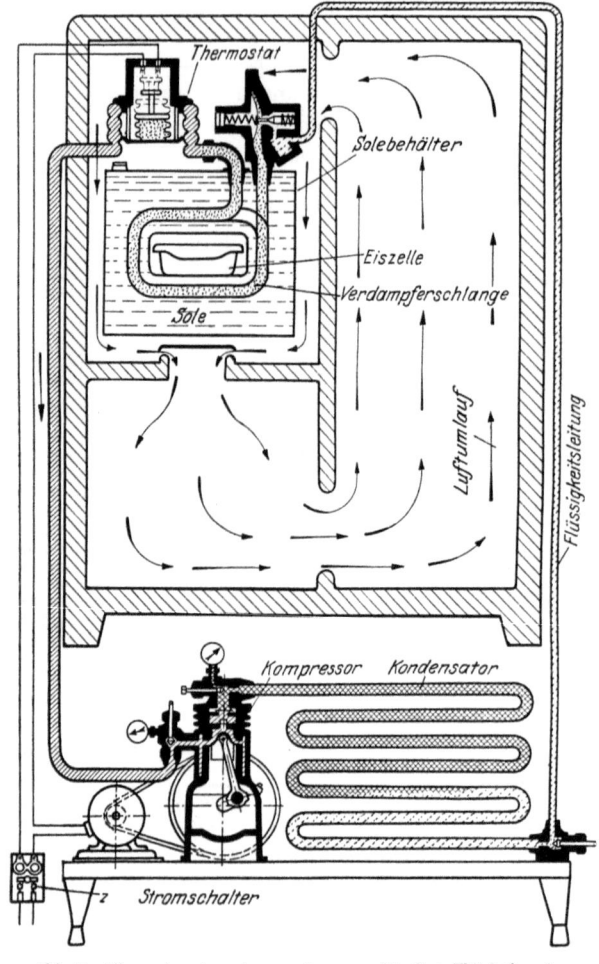

Abb. 15. Allgemeine Anordnung eines maschinellen Kühlschranks.

---

[1] Im Bericht des Ausschusses für elektrische Kühlung, herausgegeben von der National Electric Light Assoc. New York 1925, Publication Nr. 25—48, S. 34. Im folgenden wird diese Arbeit kurz als „Bericht NELA" zitiert werden. Eine kurze Ergänzung ist 1926 unter Nr. 256—12 erschienen.

Es zeigt sich, daß die Anordnung des Kühlkörpers (Verdampfer oder Eisfüllung) in der Mitte der Decke nach Abb. 14 günstiger ist als an der Seite (Abb. 12 und 13). Die Kühlschränke Abb. 12 und 14 sind am besten miteinander vergleichbar, da sie den gleichen Innenraum von 0,26 m³ haben[1]. Erfahrungsgemäß steigt die Temperatur im Kühlschrank um 3°, wenn die Außentemperatur um 10° steigt. Zur Vermeidung von Temperaturschwankungen im Kühlraum muß man daher den Schrank in einem Raum von möglichst konstanter Lufttemperatur aufstellen; andernfalls müssen die automatischen Regelvorrichtungen oft verstellt werden.

4. Platzbedarf, Kaufpreis und Wirtschaftlichkeit.

Die allgemeine Anordnung der Teile ist aus Abb. 15 zu ersehen. Der Platzbedarf beschränkt sich in der Grundfläche meist auf den vom Kühlschrank eingenommenen Raum. Man kann im Mittel mit 0,5 qm rechnen. Die Kompressionsmaschinen (Kompressor und Kondensator) werden bei den europäischen Bauarten (Brown-Boveri, Escher-Wyss, Linde) meist oberhalb des Kühlschranks angeordnet (Abb. 16 bis 19). Die Amerikaner ziehen es dagegen vielfach vor, die Maschinenanlage unter den Kühlschrank zu setzen (Frigidaire, Kelvinator, Servel, u. a. Abb. 15) und diesem Vorbild ist man neuerdings auch in Deutschland gefolgt, wie in der Abb. 20 (Sylbe und Pondorf, Schmölln) und 21 (L. Ziegler, Berlin) gezeigt ist. Andererseits findet man neuerdings auch in Amerika die obere Anordnung der Maschine, z. B. bei dem Schrank der General Electric Co., Abb. 36, und bei einem neuen kleinen Modell von Frigidaire. Für die untere Anordnung sprechen die geringeren Erschütterungen, gegen sie der Umstand, daß die im Kondensator erwärmte Luft am Kühlschrank emporsteigt und diesen erwärmt. Um einen möglichst geräuschlosen Gang zu erzielen, wird die Anlage auf eine Platte montiert, die auf Gummifüßen (Kelvinator Abb. 27) oder Spiralfedern (Nizer, Abb. 28) steht oder an solchen Federn aufgehängt wird (Frigidaire und Rota, Abb. 20).

Im Interesse eines möglichst geräuschlosen und gleichmäßigen Ganges verwenden viele Firmen selbst bei den ganz kleinen Modellen eine Mehrzylinderanordnung mit versetzten Kurbeln. So

---

[1] Allgemeine Betrachtungen über die Temperaturverteilung in einem Kühlraum findet man in einem englischen Bericht des Food Investigation Board, London, Special Report Nr. 29, 1926.

22 Kritischer Vergleich von Kompressions- u. Absorptionskältemaschinen.

ist z. B. bei den Frigidaire-Maschinen nur das kleinste Modell für 135 kcal/h einzylindrig, alle größeren aber von 270 kcal/h aufwärts zweizylindrig. Das gleiche gilt für die Kompressoren der Kelvinator Corporation. Die Lindesche Autopolarmaschine hat sogar

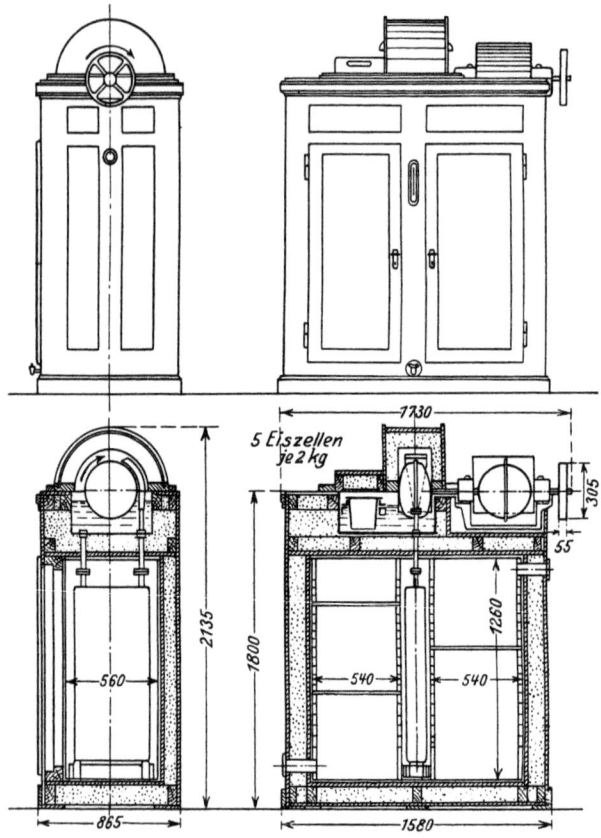

Abb. 16 u. 17. Ansicht und Schnitt eines A-S-Kühlschranks von Brown, Boveri & Cie. Mannheim.

3 Zylinder, die „Kryos"-Maschine von Sabroe, Aarhus, bis 4 Zylinder.

Bei den Absorptionsmaschinen werden Kocher (Absorber) und Kondensator meist oberhalb des Kühlschranks angeordnet (Mannesmann-Berlin, Bayer-Augsburg, Gas Refrigeration Corporation, New York). Manchmal findet man aber auch

Platzbedarf, Kaufpreis und Wirtschaftlichkeit. 23

eine seitliche Anordnung des Kocher-Absorbers („Sicfrigo" von Humboldt, Köln, Abb. 60) und auch des Kondensators (Elektrolux, Stockholm, Abb. 63). Bei dem neuen Modell von Elektrolux, Abb. 64, sind Kocher, Absorber und Kondensator unten im Schrank eingebaut. Bei der Maschine der National Refrigerating Corp. in New Haven, Conn. (vgl. S. 83) stehen Kocher-Absorber und Kondensator mit der Automatik auf einem besonderen Sockel neben dem Kühlschrank.

Der Kaufpreis von maschinellen Haushaltungskühlschränken mit einem Nutzraum von 0,15 bis 0,2 cbm ist bis heute leider noch

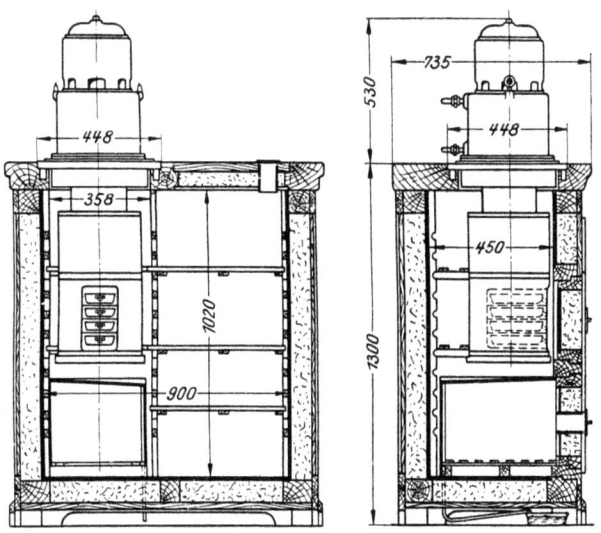

Abb. 18 u. 19. Autofrigor Kühlschrank von Escher-Wyss, Zürich.

nicht auf einen Stand gesunken, der seine Anschaffung einem großen Kreis von Interessenten in Europa möglich macht. Der Preis bewegt sich bei Absorptionsmaschinen in den Grenzen von 750 bis 1000 M., bei Kompressionsmaschinen sogar bis 1500 M. In Amerika kostet ein solcher Schrank 200 bis 250 $, er ist also absolut genommen nicht viel billiger. Da aber die Kaufkraft des Dollars kaum den Wert von $2^1/_2$ M. überschreitet und der durchschnittliche Wohlstand in Amerika ein wesentlich höherer ist, so wird der massenweise Absatz solcher Kühlschränke dort verständlich. Durch Rationalisierung der Produktion, insbesondere durch Massenherstellung ließe sich bei uns der

24 Kritischer Vergleich von Kompressions- u. Absorptionskältemaschinen.

Preis sicher noch beträchtlich senken; es darf daher angenommen werden, daß eine Verbesserung unserer wirtschaftlichen Lage auch diesem Artikel einen größeren Absatz sichern wird.

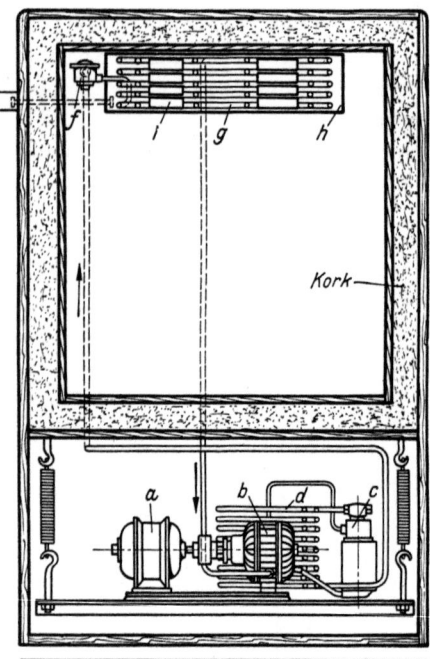

Von dem Gesamtpreis entfallen im Durchschnitt bei Absorptionsmaschinen 40% auf den Schrank und 60% auf die Kältemaschine. Bei Kompressionsmaschinen entfallen bis zu 75% auf die Maschine.

Die Wirtschaftlichkeit der Haushaltungskühlschränke spielt innerhalb gewisser Grenzen vorerst keine ausschlaggebende Rolle; wer heute den hohen Kaufpreis bezahlen kann, fragt selten ob die täglichen Betriebskosten um 10 Pf. höher oder niedriger sind. Hinsichtlich des Energie- bzw. Wärmeverbrauchs, also vom rein thermodynamischen Standpunkt, sind die Kompressionsmaschinen zweifellos günstiger; der Umstand aber, daß die Energie hier nur in der hochwertigen Form von elektrischer Arbeit verbraucht werden kann, führt oft zu höheren Betriebskosten als bei den thermodynamisch ungünstigeren Absorptionsmaschinen, von denen wieder die periodischen einen etwas höheren Energieverbrauch aufweisen als die kontinuierlichen.

Abb. 20. Rota-Kühlschrank von Sylbe & Pondorf, Schmölln.

Mit dem am häufigsten gebrauchten Drehstromelektromotor von $1/4$ PS, der bei einem Wirkungsgrad von 60 bis 65% eine Strom-

Platzbedarf, Kaufpreis und Wirtschaftlichkeit. 25

aufnahme von etwa $W = 300$ Watt besitzt, lassen sich stündlich durchschnittlich $Q_0 = 300$ kcal Kälte unter Normalbedingungen

Abb. 21. Kühlschrank und Maschinenanlage von L. Ziegler, Berlin.

($-10°$ Verdampfungs- und $+25°$ Kondensationstemperatur) erzeugen[1]. Versteht man unter der Leistungsziffer ε das Verhältnis

---

[1] Bei den kleinsten Kompressionsmaschinen mit einer Kälteleistung von 150 kcal/h werden Antriebsmotore von $1/6$ PS benutzt. Über besonders günstige Verbrauchszahlen an kleinen Autofrigor-Kältemaschinen von

der erzeugten Kälte zum Wärmeäquivalent der aufgewendeten Energie, so ist hier

$$\varepsilon = \frac{Q_0}{0{,}860\,W} = \frac{300}{0{,}860 \cdot 300} = 1{,}165.$$

Bei einem Strompreis von 25 Pf/kWh kosten 1000 kcal Kälte 25 Pf.

Eine kontinuierliche Absorptionsmaschine (Elektrolux, Stockholm) leistet bei einer Wärmezufuhr von 300 Watt durch elektrische Beheizung des Kochers unter gleichen Bedingungen rund $Q_0 = 75$ kcal/h. Die Leistungsziffer sinkt damit auf rund $\varepsilon = 0{,}3$ und 1000 kcal Kälte kosten bereits 1 M.

Bei periodischen Absorptionsmaschinen sind die Verhältnisse noch um 10 bis 30% ungünstiger. Wenn es also nicht gelingt, bedeutend billigeren Nachtstrom zu erhalten, so sind meines Erachtens die elektrisch beheizten Absorptionsmaschinen wirtschaftlich unmöglich[1]. Das Bild ändert sich aber sofort, wenn die Beheizung durch Leuchtgas oder flüssige Brennstoffe erfolgt. Eine periodische Absorptionsmaschine braucht dann für 1000 kcal Kälte etwa 1,25 m³ Leuchtgas mit einem unteren Heizwert von 4000 kcal/m³. Das entspricht $\varepsilon = \frac{1}{5} = 0{,}2$. Bei einem Preis des Leuchtgases von 18 Pf/m³ kosten 1000 kcal nur 23 Pf. Der Betrieb wird also noch billiger als bei Kompressionsmaschinen. Es treten allerdings noch 10 bis 12 Pf. für Kühlwasser hinzu, die bei Kompressionsmaschinen unter Umständen in Wegfall kommen (falls der Kondensator durch Luft gekühlt wird). In Amerika bietet die Verwendung von Naturgas besondere Vorteile. Bei einem Heizwert von 9000 bis 10000 kcal/m³ kostet dieses Gas dort nur etwa 7 Pfennige/m³.

Interessant ist noch der Vergleich mit Eiskühlung. Ein Zentner Eis kostete im letzten Jahr in Deutschland im Kleinhandel frei Haus im Durchschnitt M. 2,50. Der Kälteleistung von 1000 kcal entspricht genau ¹/₄ Zentner Eis, die Kosten betragen also 62,5 Pf. Die maschinelle Kühlung schneidet bei diesem Vergleich nicht ungünstig ab.

Escher-Wyss, Zürich und Lindau (Abb. 34) berichtet P. Ostertag (Zeitschr. f..d. ges. Kälte-Ind. Mai 1927). Die kleinste Type verbraucht bei einer Normalkälteleistung von 162 kcal/h nur 106 Watt.

[1] In der Schweiz und in Amerika kostet der Nachtstrom in manchen Städten nur 4 Pf. Einen ausführlichen wirtschaftlichen Vergleich zwischen elektrischem Betrieb und Gasbetrieb gibt W. R. Hainsworth: Refrig. Engineering, Febr. 1927, S. 246.

Platzbedarf, Kaufpreis und Wirtschaftlichkeit. 27

Der vorstehende wirtschaftliche Vergleich der verschiedenen Kühlsysteme ist insofern nicht einwandfrei, als nur die Kosten für die verbrauchte Energie bzw. das Eis, nicht aber Abschreibungen und Verzinsungen berücksichtigt sind, die bei den maschinell gekühlten Schränken natürlich höher sind. Es soll daher noch eine Vergleichsrechnung mitgeteilt werden, die A. D. Mc. Lay für amerikanische Verhältnisse aus Beobachtungen in 42 Städten aufgestellt hat[1]. Der Rechnung liegen folgende Werte zugrunde:

Innenraum des Kühlschrankes	0,36 m³
„Normale" Belastung (durch elektr. Heizung des Schranks)	$75 \dfrac{\text{kcal}}{\text{m}^3\text{h}}$
Außentemperatur	21° (im Jahresdurchschnitt)
Durchschnittlicher täglicher Energieverbrauch bei maschineller Kühlung	2,62 kWh
Jahresverbrauch	956 kWh
Strompreis	5,3 cts/kWh
Durchschnittl. täglicher Eisverbrauch bei Eiskühlung	17,9 kg
Jahresverbrauch an Eis	130,6 Zentner
Eispreis	66,2 cts/z
Verzinsung des Anlagekapitals	6%
Amortisation:	
für den Schrank bei Eiskühlung	15%[2]
„ „ „ „ Maschinenkühlung	5%
für die Kältemaschine	10%
Unterhaltungskosten (nur bei Maschinenkühlung)	$ 15/Jahr

Es ergeben sich dann folgende Vergleichszahlen in Dollar für das Jahr

	Anschaffkosten	Verzinsung	Amortisation	Unterhaltung	Eis oder Strom	Gesamte Betriebskosten
Eiskühlung	170.—	10,20	25,50	—	86,40	122,10
Maschinenkühlung	170.— (Schrank) 295.— (Maschine)	27,90	38,00	15,00	50,66	131,56

Bei dem Strompreis von 5,3 cts/kWh sind also die gesamten Betriebskosten bei maschineller Kühlung nur unbedeutend höher als bei Eiskühlung.

---

[1] Bericht NELA, S. 33.
[2] Bei Eiskühlung nützt sich der Schrank erfahrungsgemäß viel rascher ab. (Einwerfen der schweren Eisblöcke, Wirkung der Feuchtigkeit.)

Für die Wirtschaftlichkeit einzelner wichtiger amerikanischer Typen dürften auch die Zahlen der nebenstehenden Tabelle 1 von Interesse sein[1]. Dabei ist in allen Fällen der gleiche Kühlschrank, Fabrikat Seeger, Katalog Nr. 370, von 0,36 m^3 Innenraum benutzt.

In dieser Zahlentafel fällt auf, daß die Kühlraumtemperaturen durchweg verhältnismäßig hoch sind. In Europa wird eine um etwa 5° tiefere Temperatur verlangt.

III. Besondere Merkmale der Kompressionsmaschinen.

1. Wahl des Kälteträgers.

Das bei großen und mittleren Kältemaschinen am meisten gebräuchliche Ammoniak steht in der Reihe der für Haushaltungs kühlschränke benutzten Kälteträger fast an letzter Stelle. Die Ursache liegt einmal in dem ziemlich hohen Dampfdruck, der bei Kondensation durch Luft bis auf 20 atü steigen kann. Auch der Verdampferdruck von 2 bis 3 atü, der im Kurbelkasten herrscht, ist wegen der Gefahr von Undichtigkeiten der Stopfbüchse nicht erwünscht. Gegen Ammoniak spricht ferner die starke chemische Einwirkung auf Kupfer und Kupferlegierungen, auf deren Verwendung die Konstrukteure nicht verzichten wollen, der unangenehme Geruch, Schwierigkeiten in der Schmierung (starke Absorption von Ammoniak durch das Öl) und die allzu kleinen Zylinderabmessungen. Infolge der hohen Verdampfungswärme wird außerdem die stündlich umlaufende Ammoniakmenge so klein (knapp 1 kg), daß die Regulierung der Flüssigkeitszufuhr zum Verdampfer sehr empfindlich und schwierig wird. Wie aus Tabelle 3 zu ersehen ist, steht schweflige Säure (SO$_2$) an erster Stelle, sie wird insbesondere von den führenden amerikanischen Firmen und in Europa von Brown Boveri bevorzugt. Daneben verwendet man Chlormethyl (CH$_3$Cl) und Chloräthyl (C$_2$H$_5$Cl), gegen deren Entzündbarkeit man oft übertriebene Bedenken hegt, und bei denen das Schmierungsproblem einige Schwierigkeiten bereitet[2]. Erst an vierter Stelle

---

[1] Nach R. R. Young: Bericht NELA, S. 45/46. Sehr ausführliche Versuchsergebnisse an Haushaltungs-Kältemaschinen hat neuerdings G. B. Bright veröffentlicht, vgl. Refrigerating Engineering, Mai 1927.

[2] Wagner, O.: Z. ges. Kälteind. Apr. 1927, S. 62.

Wahl des Kälteträgers.

Tabelle 1.

Type	Betriebs-zustand	Außen-temperatur	Kühlraum-temperatur	Erzeugte Temperatur Differenz	kWh in 24 h	kg Eis-verbrauch in 24 h	kWh in 24 h für 1 m³ Innen-raum und 1° Temp.-Diff.	kg Eis-verbrauch für 1 m³ Innen-raum und 1° Temp.-Diff.	Betriebszeit %
Frigidaire	leer	22,2	5,6	16,6	1,62	—	0,272	—	21
Kelvinator[1]		21,7	6,7	15,0	1,75	—	0,324	—	26
Servel		22,8	5,6	17,2	1,93	—	0,312	—	29
Frostio[2]		22,2	6,7	15,5	2,18	—	0,391	—	28
Eiskühlung		21,1	8,9	12,2	—	12,15	—	2,77	—
Frigidaire	leer	32,2	9,4	22,8	2,54	—	0,309	—	38
Kelvinator		32,2	11,1	21,1	2,92	—	0,385	—	43
Servel		32,8	9,4	23,4	3,75	—	0,445	—	48
Frostio		32,2	9,4	22,8	4,73	—	0,576	—	64
Eiskühlung		32,2	12,2	20,0	—	17,7	—	2,46	—
Frigidaire	„Normal" belastet mit 75 kcal/m³ h durch elektrische Beheizung	21,7	8,3	13,4	2,17	—	0,450	—	27
Kelvinator		21,1	10,0	11,1	2,50	—	0,626	—	40
Servel		21,1	10,0	11,1	2,74	—	0,686	—	40
Frostio		21,7	11,1	10,6	3,33	—	0,873	—	33
Eiskühlung		23,3	12,2	11,1	—	17,9	—	4,48	—
Frigidaire		32,2	12,2	20,0	2,78	—	0,386	—	37
Kelvinator		32,2	13,9	18,3	3,36	—	0,510	—	50
Servel		32,8	13,3	19,5	4,56	—	0,650	—	68
Frostio		32,8	15,5	17,3	4,05	—	0,650	—	49
Eiskühlung		32,2	16,1	16,1	—	22,2	—	3,83	—

[1] Aus einer Fußnote auf S. 45 in der dritten Auflage des Originalberichts „NELA" geht hervor, daß bei einem anderen Modell der Kelvinator Corporation noch bessere Resultate erzielt worden wären.
[2] Hergestellt von The Earnshaw Manufacturing Corp. in Philadelphia, Pa. mit einzylindrigem, einfachwirkendem, stehendem SO_2-Kompressor.

finden wir Ammoniak (NH_3). Außerdem ist in Amerika die Verwendung einiger gesättigter Kohlenwasserstoffe (besonders Isobutan C_4H_{10} unter dem Namen „Freezol"[1]) und einiger Halogenverbindungen ungesättigter Kohlenwasserstoffe angeregt und in beschränktem Umfang eingeführt worden (z. B. Vinylchlorid C_2H_3Cl). Kohlensäure dagegen wird bei Haushaltungsmaschinen überhaupt nicht benutzt. Die wichtigsten thermischen Eigenschaften einiger Kälteträger sind in Tabelle 2 enthalten:

Tabelle 2.

Kälteträger	SO_2	CH_3Cl	C_2H_5Cl	NH_3	C_4H_{10} Isobutan
Molekulargewicht	64	50,48	64,50	17	58
Sättigungsdruck { bei $-10°$	1,033	1,78	0,41	2,966	1,12
in ata { bei $+25°$	3,97	5,80	1,61	10,255	3,61
Siedepunkt bei 1 ata . . .	$-10°$	$-24°$	$+12,5°$	-34	$-12°$
Kritische Temperatur . . .	$157°$	$143°$	$183°$	133	134
Erstarrungstemperatur . .	$-73°$	$-98°$	$-139°$	-78	-145
Verdampfungswärme bei $-10°$	93,6	99,3	97,5	309,6	87,5
Spez. Volum von trocken ges. Dampf bei $-10°$ in m^3/kg	0,330	0,241	0,859	0,418	0,331

Die kritische Temperatur und die Erstarrungstemperatur liegt für alle diese Kälteträger außerhalb des Interessenbereichs kältetechnischer Anwendung. Im übrigen erkennt man, daß die thermischen Eigenschaften des Isobutans denjenigen der schwefligen Säure am nächsten liegen. Wichtig ist, daß bei beiden Stoffen der im Kurbelkasten herrschende Verdampferdruck nur wenig vom normalen Atmosphärendruck abweicht, wodurch das Dichthalten der Stopfbüchse sehr erleichtert wird. Isobutan hat vor SO_2 den Vorzug, daß es nicht unangenehm riecht, dagegen den Nachteil, daß es entzündbar ist. Mit Isobutan arbeiten z. B. die Haushaltungsmaschinen der Copeland Products Inc. in Detroit (Abb. 30).

2. Die Kompressoren.

Die Kompressoren der Haushaltungskältemaschinen werden in der Regel mit hin- und hergehendem Kolben, seltener mit Drehkolben ausgeführt. Gelegentlich findet man auch gekapselte Zahn-

---

[1] Refrig. Engineering, Juni 1926.

Die Kompressoren. 31

radpumpen (Tabelle 3). Bei hin- und hergehendem Kolben hat sich die stehende einfachwirkende Bauart am meisten eingeführt. (Abb. 22, 26, 27, 29, 30, 31 und 32.) Die Konstruktion der Stopfbüchse zur Abdichtung der rotierenden Kurbelwelle weicht bei den erfolg-

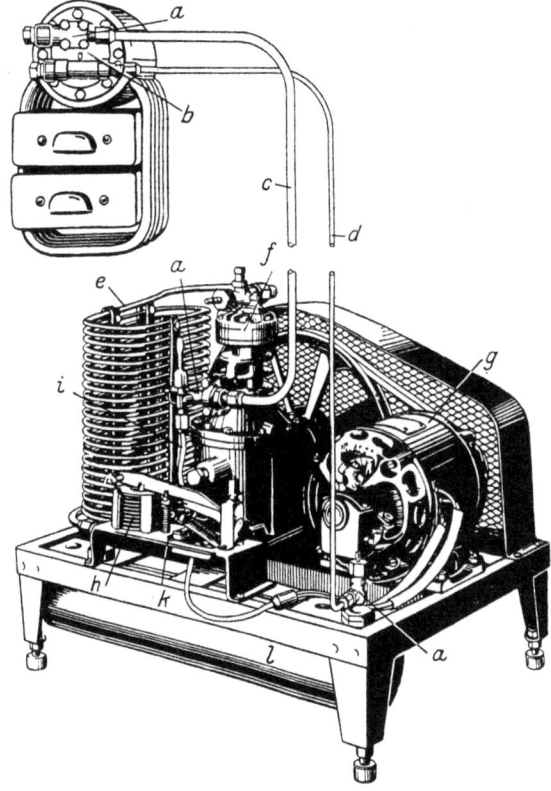

Abb. 22. Frigidaire-Maschine mit Luftkondensator der General Motors Co. Dayton.

reichen amerikanischen Bauarten wesentlich von den bei uns üblichen Formen ab. In Abb. 23 ist diese Konstruktion für den Frigidaire Kompressor dargestellt: ein Druckring a aus Graphitbronze ist auf die mit einer Eindrehung versehenen Kurbelwelle b gesteckt und wird mit Hilfe einer Spiralfeder c und eines Gegendruckflansches d gegen die Eindrehung gepreßt; die Feder steht unter einer Spannung von etwa 25 kg. Eine kupferne, blasebalgartige, elastische Membran e ist an einem Ende an den Druckring a befestigt,

Tabelle 3. Kompressionsmaschinen.

Typen-bezeichnung	Hersteller	Kälteträger	Normale Kälteleistung $t = +25°$ $t_0 = -10°$	Kompressor Bauart	Kompressor Strömungsart des Dampfes	Kompressor Zylinderzahl	Kompressor Drehzahl (Antrieb)	Antriebsmotor PS	Kondensator gekühlt durch	Verdampfer
A-S	Brown, Boveri&Co. Mannheim, Baden	SO_2	550	hin- u. hergehend doppeltwirkend liegend, osz. Zyl.	Wechselstrom	2	360 (Riemen)	0,6	Wasser oder Luft	Solekühlung
Kryos	Thomas Ths. Sabroe, Aarhus	SO_2	150 bis 600	hin- u. hergehend stehend	Gleichstrom	1 bis 4	310 bis 450	$1/4$ bis $1/2$	Luft	direkte Verdampfung
Frigidaire	General Motors Co. Dayton, Ohio	SO_2	160 270	hin- u. hergehend stehend	Gleichstrom	2	350 (Riemen)	$1/6$ oder $1/4$	Wasser oder Luft	direkte Verdampfung
Kelvinator	Electric Refrigeration Corp. Detroit Mich.	SO_2	150 300	hin- u. hergehend stehend	Gleichstrom	1 oder 2	300 250 (Riemen)	$1/6$ oder $1/4$	Luft	Solekühlung ($CaCl_2$)
Nizer	Electric Refrigeration Corp. Detroit Mich.	SO_2	600	hin- u. hergehend stehend	Gleichstrom	1	175 (Schnecke)	$1/2$	Wasser oder Luft	Solekühlung (Alkohol)
Isko	Isko Co. Chicago	SO_2	300	Zahnradkompressor	—	1	1500—1750 (direkt)	$1/4$	Wasser	Solekühlung (Glyzerin)
General Electric	General Electric Co. Schenectady N.Y.	SO_2	75	hin- u. hergehend oszillierend	Gleichstrom	2	1750 (direkt)	$1/8$	Luft, ohne Ventilator	Solekühlung (Glyzerin)
Keokuk	Keokuk Refrig. Co. Keokuk, Jowa	SO_2	~300	hin- u. hergehend stehend	—	1 oder 2	(Zahnrad)	$1/4$	Luft	direkte Verdampfung
Zerozone	Iron Mountain Co. Chicago, Ill.	SO_2	180 350	hin- u. hergehend stehend	Gleichstrom	1 2	330 (Riemen)	$1/4$ $1/3$	Luft	Solekühlung $CaCl_2$

Die Kompressoren.

		Kältemittel		Bauart	Stromart	Anzahl	Umdr./min	PS	Kühlung	Kühlungsart
Ziegler	Ziegler, Berlin	SO_2	300	hin- u. hergehend stehend	—	1	—	1/2	Wasser	direkte Verdampfung od. Solekühlung
Autotrigor	Escher-Wyss, Zürich	CH_3Cl	150 / 500	hin- u. hergehend doppeltwirkend liegend, osz. Zyl.	Wechselstrom	1	1400 / 900 (direkt)	1/6, 1/2	Wasser	direkte Verdampfung od. Solekühlung
Autopolar	G. f. Lindes Eismasch., Wiesbaden	CH_3Cl	350	hin- u. hergehend liegend	Wechselstrom	3	1500 (direkt)	1/3	Wasser	direkte Verdampfung od. Solekühlung
Rota	Sylbe & Pondorf, Schmölln, Thüring.	CH_3Cl	250	Drehkolben	—	1	1450 (direkt)	1/3	Luft	Solekühlung
Servel	Electrolux-Servel Corp., New York	CH_3Cl	350	hin- u. hergehend stehend	Gleichstrom	2	325 (Riemen)	1/4	Luft	Solekühlung (Alkohol)
Coldak	Coldak Corp., New York	C_2H_5Cl	150	Zahnradkompr. zweistufig	—	2	1750 (direkt)	1/4	Luft	Solekühlung
Williams	Simplex Refr. Corp., Brooklyn, N.Y.	C_2H_5Cl	225	Drehkolben	—	1	(direkt)	1/4	Luft	direkte Verdampfung
Motorfrigerator	Motorfrigerator-Co. Lansdale, Pa.	C_2H_5Cl	~150	hin- u. hergehend liegend	Wechselstrom	1	260 (Riemen)	1/6	Luft	direkte Verdampfung
Welsbach	Welsbach Co. Gloucester N.J.	C_2H_5Cl	~250	hin- u. hergehend liegend	—	1	280 (Riemen)	1/4	Luft	Solekühlung (Glyzerin)
Copeland	Copeland Products Detroit, Mich.	$(CH_3)_3CH$ Isobutan	~150	hin- u. hergehend stehend	Gleichstrom	1	450 (Riemen)	1/6	Luft	Solekühlung (Alkohol)
Coldmaker	Coldmaker Toledo, O.	NH_3	375	hin- u. hergehend stehend	Gleichstrom	2	(Riemen)	1/3	Wasser	—
Cooke	George J. Cooke Chicago, Ill.	NH_3	~300	hin- u. hergehend stehend	Gleichstrom	1	450 (Riemen)	1/4	Wasser	Solekühlung
Retrigo	Refrigo Corp. Milwaukee, Wis.	NH_3	300	hin- u. hergehend stehend	—	1	350—400 (Riemen)	1/4	Wasser	Solekühlung
Corblin	Corblin, Paris	NH_3	200	Membran	Wechselstrom	1	320 (Riemen)	1/6	Luft	—

Plank, Haushalt-Kältemaschinen.

während das andere Ende dieser Membran zwischen das Kompressorgehäuse f und den Gegendruckflansch d geklemmt ist. Eine Dichtung g zwischen Membran und Gehäuse bewirkt den gasdichten Abschluß nach außen. Eine andere Konstruktion der Stopfbüchse zeigt Abb. 31.

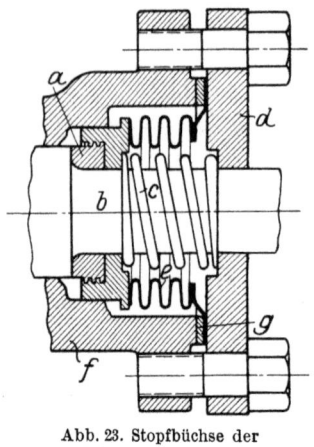

Abb. 23. Stopfbüchse der Frigidaire-Maschine.

Liegende oder doppeltwirkende Maschinen findet man verhältnismäßig selten. Ferner findet man in den meisten Fällen die Gleichstrombauart, bei der die Dämpfe stets in der gleichen Richtung von unten nach oben durch den Zylinder strömen, wodurch die thermischen Wandungsverluste verringert werden; das Saugventil — ein ganz leichtes Teller- oder Plattenventil — ist im Tauchkolben angeordnet (Abb. 29). Bei Abwärtsgang des Kolbens treten die kalten Dämpfe in den Zylinder, bei Aufwärtsgang werden sie verdichtet und durch das im Zylinderdeckel befindliche Druckventil ausgestoßen. Der Eröffnungshub der Ventile beträgt

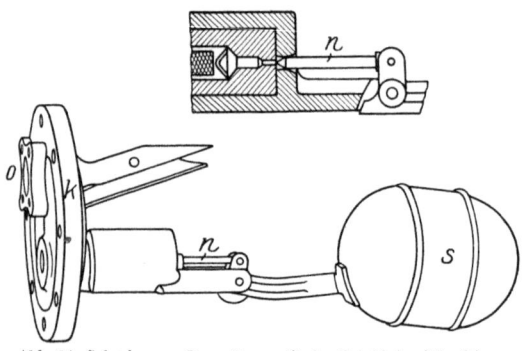

Abb. 24. Schwimmer-Regulierventil der Frigidaire-Maschine.

nur 0,1 bis 0,2 mm, um einen geräuschlosen Gang zu erreichen. An Stelle des Saugventils findet man manchmal Zylinderschlitze, die vom Kolben in der unteren Totlage freigegeben werden; z. B. in der NH_3-Maschine von George J. Cooke, Chicago (Abb. 31) und in der

Die Kompressoren. 35

„Zerozone" SO_2-Maschine der Iron-Mountain Co. Chicago; diese Anordnung bedingt einen höheren Arbeitsverbrauch, weil der Druck beim Abwärtsgang des Kolbens unter den Verdampferdruck sinkt und sich beim Öffnen der Schlitze ein irreversibler Drucksprung ergibt; das Saugventil im Kolben hat aber andererseits den Nachteil, daß es bei kleinen Verunreinigungen (Sandkörnchen, Zunder) leicht undicht wird, wogegen man sich durch den Einbau eines dünnmaschigen Netzes in die Saugleitung zu schützen sucht. Die Wechselstrombauart findet sich bei den stehenden

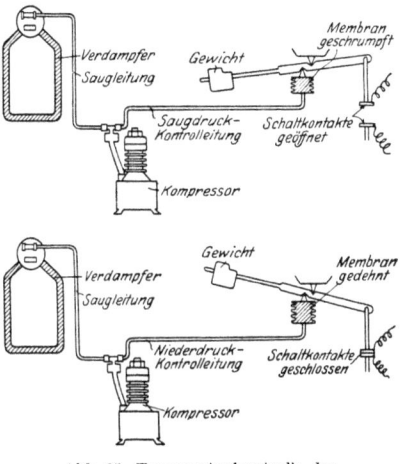

Abb. 25. Temperaturkontrolle der Frigidaire-Maschine.

einfach wirkenden Maschinen viel seltener; hier liegen sowohl die Saug- wie auch die Druckventile im Zylinderdeckel. Bei der

Abb. 26. Frigidaire-Maschine mit Kondensator für Wasserkühlung. k Kompressor; c Kondensator; e Elektromotor; t Thermostat.

Audiffren-Singrün (A-S) Kältemaschine von Brown Boveri (Abb. 33) und beim Autofrigor von Escher-Wyss (Abb. 34) werden die Saug- und Druckschlitze durch kleine oszillierende Bewegungen

3*

des Kolbens gesteuert. Beide Maschinen haben doppeltwirkende Wechselstromzylinder. Bei der Maschine der General Electric Co. in Schenectady steuert der einfach wirkende oszillierende Zylinder nur die Saugschlitze, während im Deckel ein kleines Druckplattenventil angeordnet ist.

Von der noch vor wenigen Jahren in Amerika ausgegebenen Parole: „Steigerung der Drehzahl" scheint man in den letzten Jahren zum Teil wieder abzukommen. Viele führende Firmen begnügen sich heute mit 300 Umdr/Min. und darunter (Tabelle 3). Kompressor und Motor sind meist auf einer gemeinsamen Platte

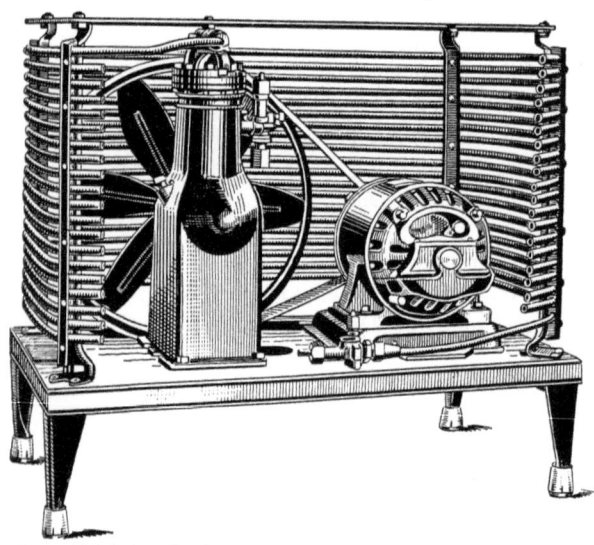

Abb. 27. Kelvinator-Maschine der Electric Refrigeration Co., Detroit.

montiert (Abb. 15, 22, 26, 27, 28, 30 und 32); der Antrieb erfolgt durch Riemen, häufig unter Zwischenschaltung einer Spannrolle. Kompressoren mit hin- und hergehendem Kolben, die bis zu 1500 Umdr/Min. machen und mit Drehstrommotoren direkt gekuppelt sind, wurden zuerst nur in Europa gebaut, wobei vorzugsweise Schweizer Konstrukteure am Werk waren; die bekanntesten Typen sind der „Autofrigor" von Escher-Wyss, Zürich (Abb. 34), und der „Autopolar" von der Gesellschaft Linde, Wiesbaden (Abb. 35); beide arbeiten mit Chlormethyl. Bei beiden Typen befinden sich Kompressor, Antriebsmotor und Kondensator in einem

Die Kompressoren. 37

luftdicht geschlossenen Gehäuse, das eine gewisse Ölfüllung erhält. Beim Autofrigor liegt der Motor oben, beim Autopolar unten. Die Kolben werden beim Saughub durch die Zentrifugalkraft herausgeschleudert und beim Druckhub durch einen auf der Welle exzentrisch angeordneten Ring wieder hereingepreßt (Abb. 35). Diese Maschinen besitzen 3 Zylinder.

Neuerdings findet man auch in Amerika die direkte Kuppelung von Elektromotor und Kompressor bei 1750 Umdr/min, beispielsweise in der vollkommen gekapselten Bauart der General Electric Co. Abb. 36 und in dem neuesten „Zerozone"-Modell mit einem ganz normalen, einfach wirkenden, stehenden Kompressor von 22 mm Durchmesser und 16 mm Hub.

Die Zylinder werden durchweg sehr kurzhubig gebaut, da man trotz höherer Drehzahlen hohe mittlere Kolbengeschwindigkeit und hohe Beschleunigungsdrücke vermeiden

Abb. 28. Nizer-Maschine mit Luftkondensator der Electric Refrigeration Co., Detroit. a Krümmer für Lufteintritt; b Kondensatorröhren; c Eintritt der SO_2-Dämpfe; d Kompressor; e Elektromotor; f Ventilator.

will. Außerdem braucht man die großen Zylinderdurchmesser zur Unterbringung der Ventilquerschnitte. Oft sind Zylinderdurchmesser d und Hub S einander gleich, oft ist aber $\frac{S}{d}$ sogar noch sehr viel kleiner als 1. Einige Werte sind in der folgenden Tabelle 4 enthalten. Die Lieferungsgrade λ dieser kleinen Kompressoren sind natürlich nicht sehr hoch. Für den Kompressor der Nizer Corporation, Detroit, sind beispielsweise folgende Werte von λ bei einer Verdampfungstemperatur von —15° bekannt geworden:

Kondensationstemperatur	20°	25°	30°	35°	40°
Lieferungsgrad λ %	46	43	40,5	38	35

Besondere Merkmale der Kompressionsmaschinen.

Drehkolben-Kältekompressoren für Haushaltungszwecke sind verhältnismäßig selten anzutreffen: von deutschen Bauarten ist der Rota-Kompressor von Güttner, gebaut von Sylbe & Pondorf in Schmölln, Thüringen, und der Conrady-Kompressor, gebaut von der Maschinenfabrik Burkard in Oberursel bekannt geworden.

Tabelle 4.

Fabrikat	Kälteträger	Normale Kälteleistung	Anzahl der Zylinder	Zylinderdurchm. d mm	Hub S mm	$\frac{S}{d}$	Drehzahl n/min
A-S Brown Boveri . .	SO_2	550	2[1]	42	28	0,67	360
Kryos . . .	SO_2	150	1	45	40	0,89	310
Frigidaire. .	SO_2	270	2	41	41	1,0	350
Kelvinator .	SO_2	150	1	46	38	0,83	300
Nizer . . .	SO_2	600	1	108	57	0,53	175
Zerozone . .	SO_2	180	1	44,5	44,5	1,0	330
Ziegler . . .	SO_2	300	1	60	50	0,83	300
Autofrigor .	CH_3Cl	150	1[1]	20	20	1,0	1400
		500	1[1]	33	26	0,79	900
Autopolar .	CH_3Cl	350	3	26	15	0,58	1500
Servel . . .	CH_3Cl	350	2	38	38	1,0	325
Motorfrigerator . . .	C_2H_5Cl	150	1	76	12,7	0,167	260
Welsbach. .	C_2H_5Cl	225	1	76	19	0,25	280
Coldmaker .	NH_3	375	2	32	32	1,0	(330)
Refrigo . .	NH_3	250	1	32	38	1,19	375

Der Rota-Kompressor wurde früher für Ammoniak und für Kälteleistungen nicht unter 1000 kcal/h gebaut; diese Ausführungsform ist aus der Literatur bekannt[2]. Für den speziellen Gebrauch in Haushaltungskühlschränken hat die Firma Sylbe & Pondorf neuerdings ein Modell für eine Kälteleistung von 250 kcal/h entwickelt, das mit Chlormethyl arbeit und bei dem einige wesentliche konstruktive Verbesserungen vorgenommen wurden. In Abb. 37 ist ein Längs- und Querschnitt durch das neue Modell dargestellt. Der Gehäusedurchmesser beträgt 97 mm, der Durchmesser des Drehkolbens 95 mm, die Kolbenbreite 50 mm. Kompressor und Antriebsmotor sind bei 1450 Umdr/Min direkt gekuppelt. Das Gehäuse ist dreiteilig gestaltet und das Trennungsglied zwischen Saug- und

---
[1] Doppeltwirkende Zylinder, die übrigen Maschinen dieser Tabelle haben einfachwirkende Zylinder.
[2] Vgl. Plank, Krause und Tamm: Z. d. V. d. I. Bd. 69, S. 393, 1925 und Z. f. d. ges. Kälteind. 1925, S. 46; W. Tamm, daselbst 1926, S. 23.

Druckraum — die frühere „Zunge", die sich in der „Nuß" gleitend und schwingend bewegte — hat eine ganz neue Form erhalten, die zugleich eine zwangläufige Steuerung des Ein- und Auslasses ermöglicht. Das neue Trennungsglied Abb. 38 ist sowohl im Kolben wie auch in der Gehäusewand schwenkbar angelenkt und besteht aus einem mit bolzenförmigen Anlenkungsgliedern versehenen Kreisbogenstück; welches sich beim Überlaufen des Kolbens in eine Aussparung der Gehäusewand dicht einlegt, wodurch ein sanftes, rollendes Überlaufen des Kolbens erzielt wird. Wie aus den schematischen Skizzen Abb. 38, in denen der Kolben mit dem Trennungsglied in zwei verschiedenen Lagen dargestellt ist, zu erkennen ist, sind in dem einen Bolzen des Trennungsgliedes Kanäle angeordnet, die durch die kleine Schwingungsbewegung des Bolzens den Austritt steuern. Eine weitere Neuerung besteht darin, daß der Auflagedruck des Kolbens auf dem zylindrischen Gehäuse und damit die Abdichtung des Kolbens sowohl durch den Druck des Fördermittels wie auch von außen durch Anziehen einer Schraube geregelt werden kann. Das Kompressorgehäuse ist mit radialen Kühlrippen versehen.

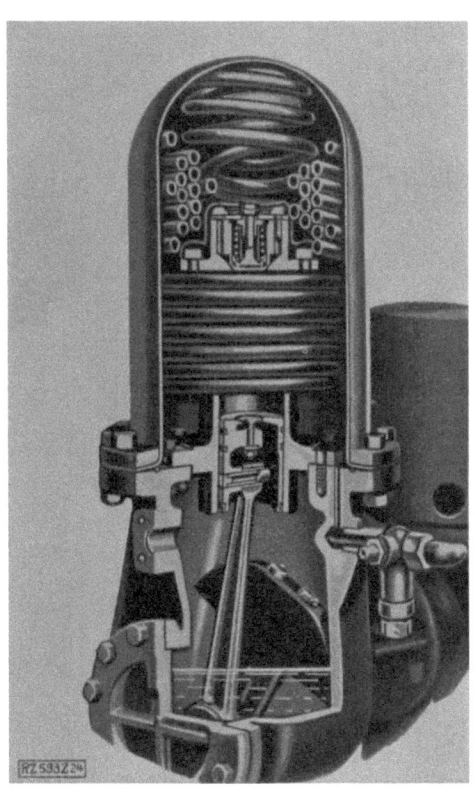

Abb. 29. Nizer-Maschine mit Kondensator für Wasserkühlung.

40   Besondere Merkmale der Kompressionsmaschinen.

Der Conrady-Kompressor arbeitet mit Chlormethyl oder Chloräthyl, ist ebenfalls mit dem Elektromotor direkt gekuppelt und wird vorläufig nur für Kälteleistungen von 1000 kcal/h und darüber gebaut.

Abb. 30. Maschine der Copland Products in Detroit.

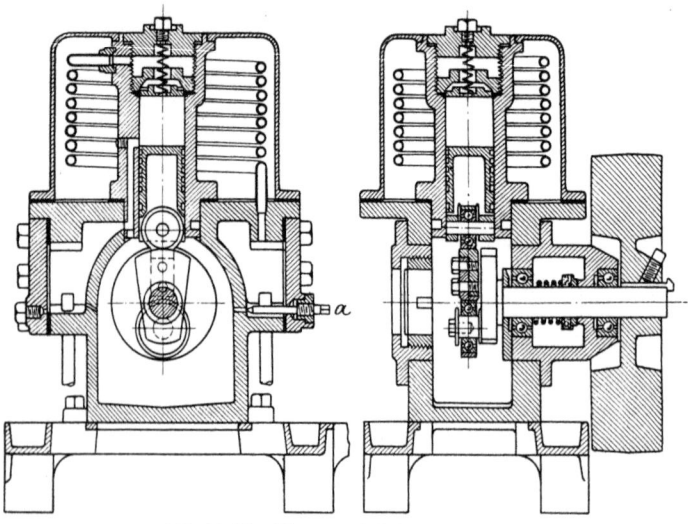

Abb. 31. Maschine von G. J. Cooke, Chicago.

Einen amerikanischen Drehkolben-Kältekompressor für Chloräthyl zeigt Abb. 39 (**Williams Simplex Refrigerating Corp.**, Brooklyn, N. Y.). Die Kälteleistung beträgt 225 kcal/h. Die Schmierung erfolgt durch Glyzerin, das spezifisch schwerer ist als Chloräthyl und sich daher von diesem leicht trennt. Die Bauart entspricht derjenigen von **Wittig**[1], die von der **Demag**, Duisburg und anderen deutschen Firmen für die Verdichtung von Luft verwendet wird. (Exzentrisch auf der Welle angeordnete „Messer", die durch die Zentrifugalkraft an das Gehäuse gepreßt werden.) Die **Simplex Refrig. Corp.** gibt den Lieferungsgrad mit

Abb. 32. Maschine der Keokuk Refrigeration Co. Keokuk, Jowa.

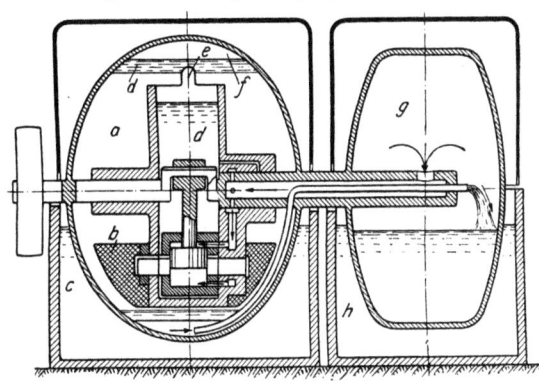

Abb. 33. A-S-Maschine. a Kondensator; b Gegengewicht; c Kühlwasser; d Öl; e Ölabstreifer; f verflüssigte SO_2; g Verdampfer; h Sole.

82 bis 85% an, was ungeheuer hoch wäre. Ein zwischen Kompressor und Elektromotor angeordneter Ventilator bläst die Luft zuerst in den Mantel des Kompressors c und dann in die kupfernen

---

[1] Vgl. z. B. **Plank**: Drehkolbenmaschinen als Kraft- und Arbeitsmaschinen. Z. ges. Kälteind. Heft 10, S. 189, 1922.

Kondensatorschlangen a. Drehkolben-Kompressoren für Chloräthyl baut auch die Lamson Company in Siracuse, N. Y. („Ice Maid").

Daneben werden auch raschlaufende, mit dem Motor direkt gekuppelte Zahnradkompressoren verwendet; ein **Beispiel** hierfür ist die Maschine der Isko Company in Chicago mit einer Kältelei-

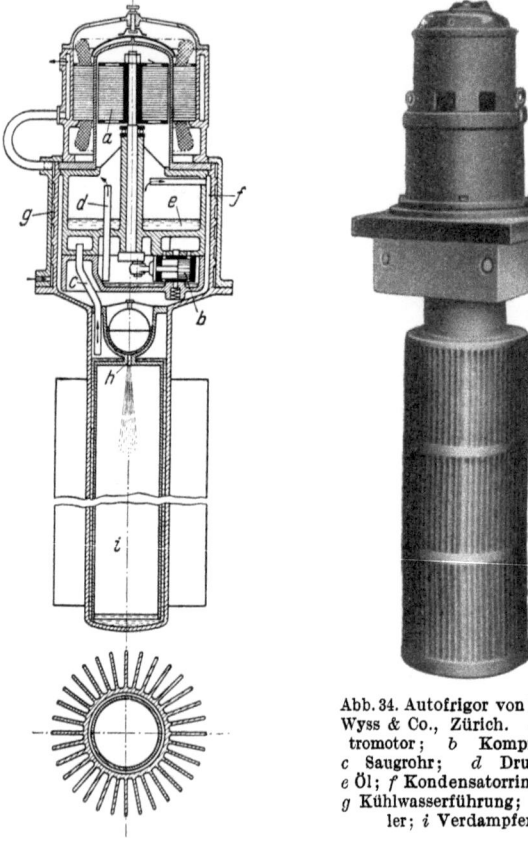

Abb. 34. Autofrigor von Escher-Wyss & Co., Zürich. a Elektromotor; b Kompressor; c Saugrohr; d Druckrohr; e Öl; f Kondensatorringraum; g Kühlwasserführung; h Regler; i Verdampfer.

stung von 300 kcal/h (Abb. 40), die vollkommen ventillos ist. Einige Details des Gehäuses und der Zahnräder zeigt Abb. 41, die Zahnräder laufen vollständig in Öl. Die Maschine arbeitet mit schwefliger Säure. Zweistufige direkt gekuppelte Zahnradkompressoren für Chloräthyl baut die Coldak Corp. in New York. Diese Maschinen arbeiten noch nicht völlig geräuschlos.

Die Kompressoren. 43

Ein im Kältemaschinenbau neuartiger konstruktiver Gedanke findet sich in dem Kompressor von Henri Corblin, Paris, verwirklicht (Abb. 42)[1]. Eine dünnwandige kreisrunde Metallmembran c ist zwischen zwei kreisrunde Platten a und b eingeklemmt und kann in den doppelkegelförmigen Aussparungen dieser Platten eine Schwingungsbewegung von geringer Amplitude ausführen. Die Schwingungen der Membran bedingen das Ansaugen des Kältemittels durch das Saugplattenventil e und das Ausstoßen nach erfolgter Kompression durch das Druckplattenventil f. Die Schwingungsbewegung der Membran c wird durch den Auf- und Abwärtsgang des Kolbens h mit gußeisernen Kolbenringen in dem mit Öl gefüllten Zylinder i

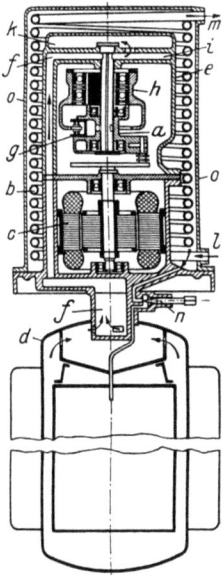

Abb. 35. Autopolar der Gesellschaft für Lindes Eismaschinen, Wiesbaden. a Kompressor; b Kondensator; c Elektromotor; d Verdampfer; e Maschinengehäuse; f Saugkanal; g Zylinder mit Kolben: h Kompressorglocke; i Druckkanal; k Druckraum; l Wassereintritt; m Wasseraustritt; n Reguliervorrichtung; o Stahlzylinder.

Abb. 36. Kühlschrank-Maschine der General Electric Co. in Schenectady.

hervorgerufen, wobei das Öl durch die Öffnungen b_1 in der unteren Platte b bis zur Membran c vordringen kann und die Membran an die obere Platte a fest anpreßt; dadurch schrumpft der schädliche Raum fast auf Null zusammen. Die geringen Ölmengen, die durch Undichtigkeiten zwischen Zylinder und Kolben nach unten ent-

---

[1] Vgl. Comptes rendus des séances de l'Academie des Sciences Bd. 172, S. 46, 1921. (Vorgelegt durch Maurice Leblanc.)

44 Besondere Merkmale der Kompressionsmaschinen.

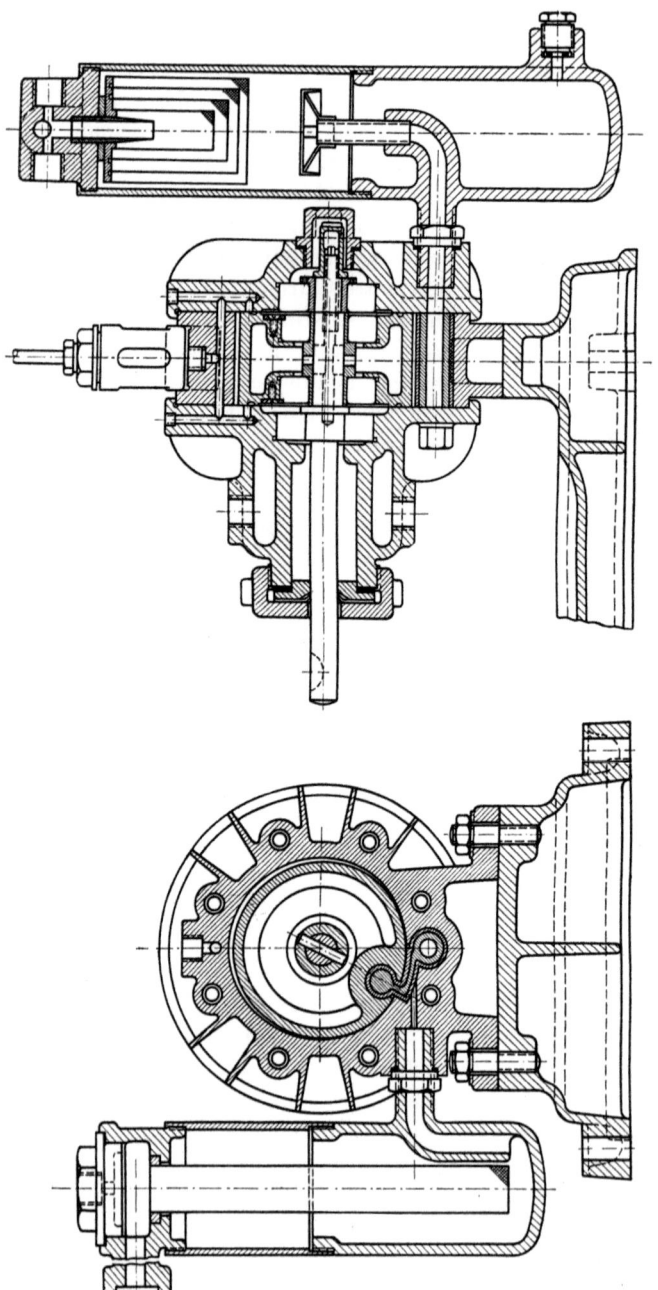

Abb. 37. Rota-Kompressor von Sylbe & Pondorf, Schmölln, Thüringen.

Die Kompressoren. 45

weichen, werden durch die kleine Kompensationsölpumpe l * mit Kolben m, Saugventil k und Druckventil n durch die Leitung l_1 ersetzt. Überschüssiges Öl wird durch das Sicherheitsventil h_1 beseitigt, das mit Hilfe des Nockens t eingestellt werden kann und das jede unzulässige Drucksteigerung verhindert. Sämtliche Lager sind als Kugellager ausgebildet. Der Antrieb erfolgt durch die Riemenscheibe v.

Der Hauptvorteil dieser Bauart liegt darin, daß das Kältemittel mit dem Öl überhaupt nicht in Berührung kommt. Die inneren Oberflächen des Kondensators und Verdampfers bleiben daher stets rein und jeder Ölabscheider ist entbehrlich. Ein weiterer, nicht zu unterschätzender Vorteil ist der Fortfall der Stopfbüchse. Die Abnutzung und Reibungsarbeit zwischen Kolben und Zylinder ist sehr gering, da der Kolben vollständig in Öl läuft.

Dieser Kompressortyp, von dem in Frankreich einige hundert Stück zufriedenstellend laufen, wurde bisher für Kälteleistungen von 500 bis 6000 kcal/h für Ammoniak und von 15000 bis 30000 kcal/h für

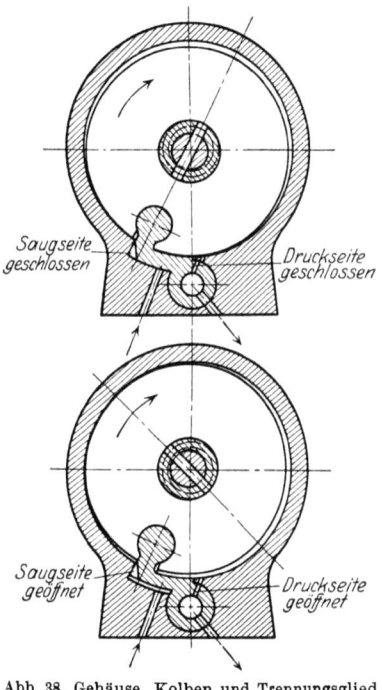

Abb. 38. Gehäuse, Kolben und Trennungsglied des Rota-Kompressors.

Kohlensäure gebaut. Die größten Maschinen machen 200, die kleinsten 380 Umdr/min. Neuerdings ist eine kleinste Type für einen Haushaltkühlschrank mit einer Kälteleistung von 200 kcal/h gebaut worden. Der Leistungsverbrauch beträgt für 500 kcal/h 0,3 PS und für 200 kcal/h $^1/_6$ PS. Während die Schwingungsamplitude der Membran, gemessen in der Zylinderachse, bei größeren Maschinen bis 4 mm beträgt, ist man bei den kleinsten Modellen bis auf 1 mm

---
* Diese Ölpumpe liegt bei den ausgeführten Maschinen außerhalb des Gehäuses.

zurückgegangen; je geringer der Hub, um so geräuschloser der Gang. Die Lebensdauer der Membran beträgt bei den größeren Maschinen etwa 2000 Arbeitsstunden. Bei den kleinen Maschinen mit geringerer Schwingungsamplitude hofft man eine wesentlich längere Lebensdauer zu erreichen. In Haushaltmaschinen würde sich der Bruch der Membran besonders unangenehm bemerkbar machen, da der Ersatz, so einfach und billig er auch sein mag, nicht vom Hauspersonal bewerkstelligt werden kann. Jeder Bruch bringt außerdem eine Vermischung des Kältemittels mit dem Schmieröl mit sich, dessen Vermeidung gerade den wesentlichen Vorteil dieser Bauart darstellen soll.

Beim Betriebe dieser Kompressoren hat es sich gezeigt, daß der durch das Saugventil e eintretende Gasstrom beim Aufprallen auf die dünne Membran c diese im Laufe der Zeit stark deformieren kann; es bildet sich eine deutlich wahrnehmbare Ausbeulung, welche die Amplitude der Schwingung und damit die Saugleistung erheblich herabsetzt. Bei den neuen Ausführungen ist daher der Anschluß der Saugleitung mit dem Saugventil weit an den äußeren Rand der Platte a hinaus verschoben, wo die Amplitude der Schwingung viel kleiner und die Wirkung des eintretenden Gasstroms auf die Membran viel schwächer ist.

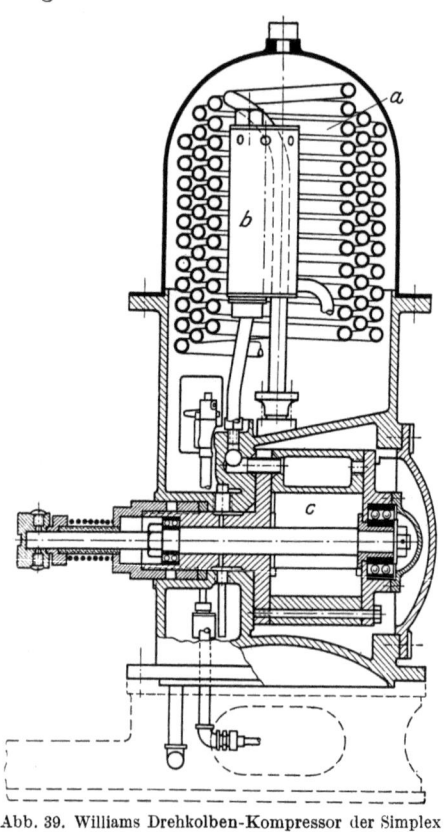

Abb. 39. Williams Drehkolben-Kompressor der Simplex Refrigerating Corp. Brooklyn.

3. Die Kondensatoren.

Die Abführung der Verflüssigungswärme erfolgt in den Kondensatoren der großen Kältemaschinen ausschließlich durch Kühlwasser, das sich dabei entsprechend erwärmt oder auch teilweise

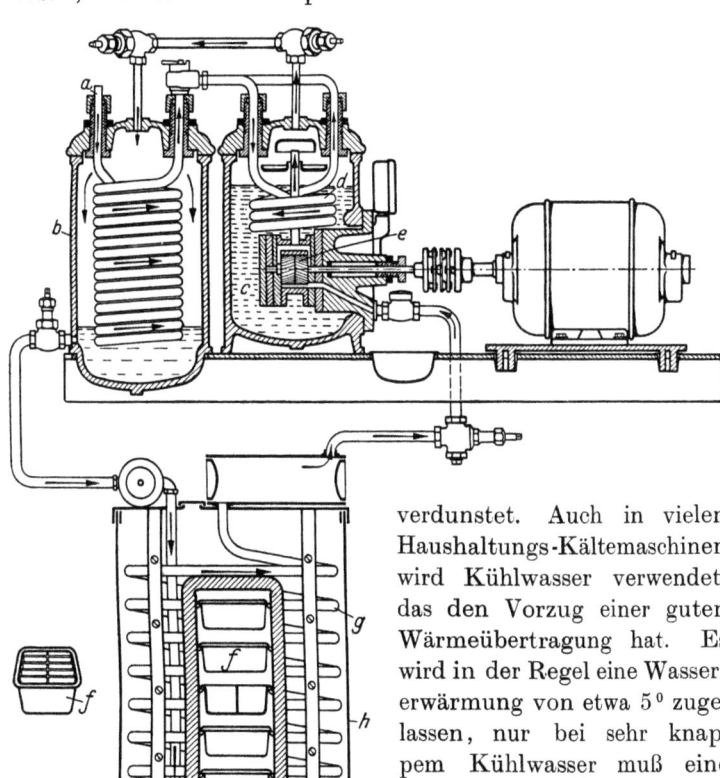

Abb. 40. Zahnradkompressor der Isko Co., Chicago.

verdunstet. Auch in vielen Haushaltungs-Kältemaschinen wird Kühlwasser verwendet, das den Vorzug einer guten Wärmeübertragung hat. Es wird in der Regel eine Wassererwärmung von etwa 5° zugelassen, nur bei sehr knappem Kühlwasser muß eine höhere Erwärmung in Kauf genommen werden, die dann einen höheren Kondensatordruck und eine Steigerung des Verbrauchs an elektrischer Energie zur Folge hat. Die Kühlfläche des Kondensators wird so bemessen, daß die mittlere logarithmische Temperaturdifferenz zwischen dem Kühlwasser und dem sich verflüssigenden Kälteträger etwa 5° beträgt; das entspricht einer Kondensationstemperatur, die etwa 3° über der Kühlwasserablauftemperatur liegt. Die

Kosten der Kühlwasserbeschaffung spielen in der Regel keine große Rolle.

Die Bauweisen der wassergekühlten Kondensatoren weichen von den im Großmaschinenbau verwendeten erheblich ab. Berieselungskondensatoren kommen naturgemäß überhaupt nicht in Frage, da die Maschinen in geschlossenen Räumen stehen, in denen einerseits die Verdunstung sehr schwach wäre und andererseits ein Verspritzen des Wasser vermieden werden soll. Auch der sonst so beliebte und nur wenig Platz beanspruchende Doppelrohrkondensator wird nur selten verwendet. Dagegen hat sich eine Art Tauchkondensator eingeführt, bei dem aber, im Vergleich mit den alten Tauchkondensatoren, die Rollen von Kühlwasser und kondensierendem Dampf vertauscht sind. Das Kühlwasser fließt jetzt durch zylindrisch gewikkelte Rohrspiralen, die bei allen Kälteträgern mit Ausnahme von NH_3 aus Kupfer hergestellt werden.

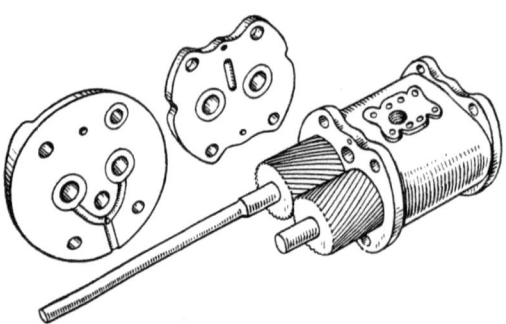

Abb. 41. Einzelheiten des Zahnradkompressors Isko.

Diese Spiralen liegen in einem Raum, in den die vom Kompressor verdichteten und möglichst weitgehend entölten Dämpfe eingeblasen werden; die Verflüssigung findet also an der äußeren Oberfläche der Rohrspiralen statt und die gebildeten Tropfen sammeln sich im unteren Teil des Kondensationsraums. Dank der hohen erzielbaren Wassergeschwindigkeit und der raschen Abführung des Kondensats sind die Wärmedurchgangskoeffizienten sehr hoch; Versuche, die der Verfasser mit dieser Bauart (an einer größeren Einheit von 10 000 kcal/h) durchgeführt hat, haben eine Wärmedurchgangszahl $k = 800$ bis $1000 \frac{kcal}{m^2{}^0h}$ ergeben. Die untersten Kühlwasserspiralen liegen bereits im Flüssigkeitssammelraum und sorgen so für eine wirksame Unterkühlung.

Die konstruktive Verbindung des Kompressors mit diesem Kondensator ist bei vielen Bauarten sehr geschickt gelöst; so legt z. B.

Die Kondensatoren.

die Gesellschaft Linde bei ihrer Autopolarmaschine den Kondensator konzentrisch um das den Kompressor und Elektromotor fassende Gehäuse (Abb. 35). Eine ähnliche Anordnung findet man auch bei der Maschine von Escher-Wyss (Abb. 34). Das vom Kondensator abfließende Kühlwasser wird manchmal noch zur Kühlung des Motors (bei Einphasenmotoren) verwendet; Drehstrommotoren dagegen werden in der Regel mit Luft gekühlt. Die Nizer Corporation legt die Kühlwasserschlange in eine über den oberen Teil des Kompressors gestülpte Glocke (Abb. 29), in welche das Druckventil des Kompressors direkt ausbläst. Auch die General Motors Co. benutzt bei der Frigidaire-Maschine diese Kondensatorbauart, sofern sie ihre Kondensatoren überhaupt mit Wasserkühlung ausführt; der Kondensator c (Abb. 26) wird dann einfach neben dem Kompressor k auf einer gemeinsamen Grundplatte mit dem Elektromotor e aufgestellt. Nach dem gleichen Prinzip ist auch der Kondensator der Isko Company (Abb. 40) gebaut. Bei der A-S-Maschine von Brown Boveri ist der Kondensator als eine den Kompressor umgebende, mit 380 Umläufen pro Minute rotierende Trommel ausgebildet, die zur Hälfte in den Kühlwasserbehälter eintaucht

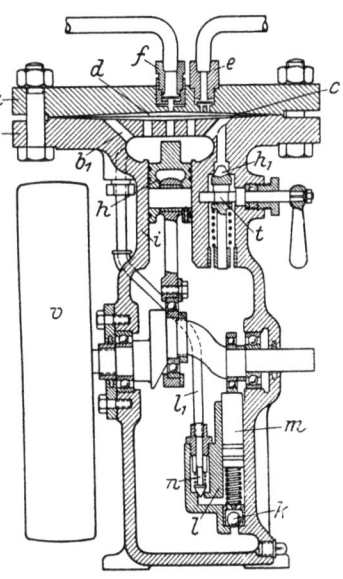

Abb. 42. Membrankompressor von Henri Corblin, Paris.

(Abb. 33). Die verflüssigte schweflige Säure, die spezifisch schwerer ist als das Schmieröl, wandert an den Umfang der Trommel und wird durch ein dünnes Drosselrohr durch die hohle Hauptwelle dem Verdampfer zugeführt.

Neben dem wassergekühlten Kondensator setzt sich neuerdings der luftgekühlte immer mehr durch; er wird besonders von amerikanischen Firmen fast ausschließlich gebaut. Vom Standpunkt des Wärmeüberganges ist der luftgekühlte Kondensator unter allen Umständen im Nachteil: man braucht größere Kühlflächen und muß trotzdem höhere Kondensationstemperaturen zulassen, also unwirtschaftlicher arbeiten; wir haben aber bereits betont, daß die Wirkschaftlichkeit hier nicht der ausschlaggebende Faktor ist. In ruhender Luft ist allerdings die Kondensationswirkung sehr schwach; man verwendet in der Regel einen Ventilator, der im Schwungrad des Kompressors eingebaut (Abb. 22 und 27) oder auf der Motorwelle angeordnet ist, und der die Luft mit einer Geschwindigkeit von etwa 15 m/sec an den Kondensatorspiralen vorbeibläst. Hierin liegt eine wesentliche Sicherheitsmaßnahme, denn sowie der Kompressor läuft, findet automatisch auch eine Kühlung des Kondensators statt. Die Luftkühlung ist besonders in tropischen Gegenden am Platze, wo es manchmal sehr wenig oder gar kein Kühlwasser gibt. Der Fortfall aller Wasserleitungen und der das Kühlwasser ein- und ausschaltenden Automaten vereinfacht die Anlage. Der Temperaturregler im Kühlraum kann den Elektromotor direkt ein- und ausschalten und braucht das nicht auf dem indirekten Wege über einen Kühlwasserschalter nach Abb. 3 zu tun. Ein stark angeblasener Kondensator überträgt erfahrungsgemäß 350 bis 400 kcal/h auf 1 m² Kühlfläche, wobei die Kondensationstemperatur 10 bis 12° über der mittleren Temperatur der Raumluft liegt. Das entspricht einem Wärmeübergangskoeffizienten $k = 35$ bis 40 $\frac{\text{kcal}}{\text{m}^2 \text{°h}}$. Bei ruhender Luft braucht man die drei- bis vierfache Kühlfläche. Ammoniakmaschinen werden nicht mit luftgekühlten Kondensatoren ausgeführt, da man die hohen Kondensatordrücke vermeiden will. Die Nizer Corporation in Detroit gibt für ihre SO_2-Maschine (Zylinderdurchmesser 108 mm, Hub 57 mm, n = 175 Umdr/Min, einfachwirkend) bei — 15° Verdampfungstemperatur folgende Werte an:

Lufttemperatur	11°	16°	21°	25°	29°
Kondensationstemperatur	23,5°	29°	33,5°	37,5°	41,5°
Kälteleistung kcal/h	490	450	415	380	350

Genaue Versuche liegen für das Modell „Junior" der Kelvinator Corporation in Detroit vor[1]. Die Maschine hat einen einfachwirkenden Zylinder mit 47 mm Durchmesser und 38 mm Kolbenhub; die Drehzahl ist 310/min. Die folgenden Zahlenwerte beziehen sich auf eine Verdampfungstemperatur von — 9,5°:

---

[1] Philipp, L. A. und Spreen, C. C: Refrig. Engineering, April 1927, S. 310, und Juni 1927, S. 355.

Die Kondensatoren. 51

Lufttemperatur	20°	25°	30°	35°	40°
Kondensationstemperatur	35,0°	38,8°	42,7°	46,5°	50,4°
Kälteleistung kcal/h	213	196	180	162	145
Kraftverbrauch am Elektromotor PS	0,29	0,28	0,285	0,295	0,31

Für den „Frigidaire"-Kühlschrank gelten bei einer Verdampfungstemperatur von $-7°$ folgende Zahlen:

Lufttemperatur	15°	18°	21°	24°	27°	32°	35°	40°
Kälteleistung kcal/h	278	272	263	257	248	235	227	214

Der Abfall der Kälteleistung mit wachsender Lufttemperatur bei der mit luftgekühltem Kondensator versehenen Drehkolbenmaschine von Sylbe & Pondorf, Schmölln, für Chlormethyl ergibt sich bei einer Soletemperatur von $-5°$ aus folgenden Zahlen:

Lufttemperatur	16°	20°	27°
Kälteleistung kcal/h	250	220	180
Effektiver Arbeitsbedarf PS	0,29	0,31	0,34

Für den konstruktiven Aufbau des luftgekühlten Kondensators gibt es verschiedene Vorschläge: Kelvinator(Abb. 27) legt die Kühlschlangen um die ganze Maschinenanlage herum, so daß sie ein Schutzgeländer um die bewegten Maschinenteile bilden. Der Querschnitt der kupfernen Rohrschlangen ist oft nicht kreisrund, sondern elliptisch (Frigidaire); hierbei sind die Stromlinien der Luft mit einem größeren Teil der Rohroberfläche in Berührung, da die Ablösung der Strömung mit Bildung toter Wirbel später einsetzt. Das hat etwas höhere Wärmeübergangszahlen zur Folge. Die Keokuk Refrigerating Company in Keokuk, Jowa, legt den Kondensator zwischen den Elektromotor (Abb. 32) und das Zahnradgetriebe des Kompressors und läßt die Motorwelle mitten durch den Kondensator gehen, in dessen innerem Teil der Ventilator geschützt angeordnet ist. Die Copeland Products Inc. in Detroit setzt die Kondensatorschlangen in ein zylindrisches Gefäß (Abb. 30); der Ventilator ist auf der Motorwelle angeordnet und bläst die Luft mit großer Geschwindigkeit durch das Gefäß. Von deutschen Firmen führen bisher nur Sylbe & Pondorf, Schmölln (Abb. 20) und L. Ziegler, Berlin (Abb. 21) Kühlschrankmaschinen mit luftgekühltem Kondensator aus. Eine ganz andere Lösung findet man bei der Haushaltungsmaschine der Simplex Refrigerating Company in Brooklyn (Abb. 39), die einen Drehkolbenkompressor für Chloräthyl verwendet; der luftgekühlte Kondensator ist

4*

hier in vollkommener Anlehnung an die vorher erwähnten Kondensatoren mit Kühlwasser ausgeführt. Der von einem Ventilator erzeugte Luftstrom durchläuft zuerst den Mantelraum des Kompressors und tritt dann durch ein vertikales Steigrohr in die zylindrisch gewundenen Spiralen a, an deren Außenfläche die Chloräthyldämpfe verflüssigt werden, die durch die Druckleitung und den Ölabscheider b in den Kondensationsraum strömen. Das Kondensat sammelt sich am Boden.

An Stelle von glatten Kupferrohren werden heute vielfach Rippenrohre verwendet. Die kupfernen Rippen werden auf die glatten Rohre spiralförmig aufgewunden und dann verzinnt. Diese Vergrößerung der Oberfläche gestattet, den Kondensator erheblich zu verkleinern; die Rohrlänge sinkt ungefähr auf den fünften Teil. Diese Rippenrohre werden entweder in Form ebener Rohrwände aufgestellt oder, wie im neuen „Copeland"-Modell, bienenstockförmig aufgewunden (beehive-condenser); der Ventilator bläst in das Innere des Bienenstockes.

In Abb. 28 ist die Maschine der Nizer Corporation mit luftgekühltem Kondensator dargestellt; d ist der Kompressor, e der Elektromotor, von dessen Welle der Ventilator f angetrieben wird; die Luft tritt durch den Krümmer a in die Spiralrohre b des Kondensators, an deren Außenfläche die bei c eintretenden SO_2-Dämpfe verflüssigt werden.

Die luftgekühlten Kondensatoren werden gelegentlich auch wabenartig (wie Automobilkühler) ausgeführt, z. B. bei den Chloräthyl-Maschinen der Lamson Company in Siracuse, N. Y. und der Coldak-Corp. in New York.

Bei allen bisher besprochenen Bauarten von Kondensatoren wurde die Luft stets durch einen Ventilator an den Kühlrohren vorbeigeblasen (aufgezwungene Strömung). Bei der vollkommen gekapselten Maschine der General Electric Co. dagegen, gibt es außen überhaupt keine bewegten Teile (Abb. 36). Das Gehäuse, in welchem der Kompressor und der Elektromotor angeordnet sind, erhält zur Wärmeableitung zahlreiche radiale Rippen von etwa 5 cm Länge und um den äußeren Umfang dieser Rippen sind 15 Windungen eines Kupferrohres von $5/16''$ äußerem Durchmesser mit einem Windungsdurchmesser von 360 mm gelegt. Die Kühlung erfolgt ausschließlich durch den Auftrieb der Luft (freie Strömung).

4. Die Verdampfer.

Die kleinen Haushaltungs-Kühlschränke werden sowohl für direkte Verdampfung, wie auch für Solekühlung ausgeführt. Die richtige Dimensionierung der Kühlfläche und die richtige Unterbringung im Schrank ist wichtiger als die Bevorzugung des einen oder anderen Systems. Die meisten Verdampfer-Körper sind für die Aufnahme mehrerer kleiner Pfannen (Abb. 15, 16, 17, 22, 36, 40, 43, 44, 45 und 46) eingerichtet, in denen Eiswürfel zur Kühlung von Getränken oder Speiseeis hergestellt werden können. Die Solekübler besitzen eine höhere Speicherwirkung und sollen geringere Schwankungen der Lufttemperatur im Schrank ergeben; die Tempera-

Abb. 43. Anordnung des Verdampfers im Kühlschrank von Kelvinator.

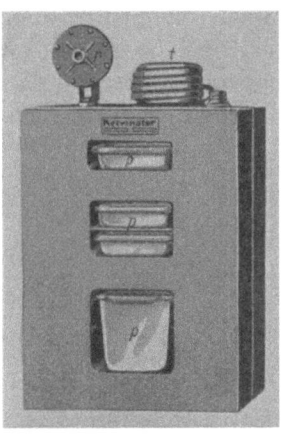

Abb. 44. Verdampfer von Kelvinator mit Eispfannen.

tur der Sole wird im Mittel auf -6 bis $-7°$ gehalten. Als nicht gefrierende Badflüssigkeit verwendet man neben Chlorkalziumlösungen auch noch Glyzerin- und Alkohollösungen. Die Wärmedurchgangszahl zwischen dem verdampfenden Kälteträger und der ruhenden (nur konvektiv bewegten) Badflüssigkeit kann bei überflutetem Verdampfer mit $k = 100$ bis $125 \frac{\text{kcal}}{\text{m}^2 \, °\text{h}}$ angenommen werden. Die Kältespeicherwirkung der Sole wird vielfach überschätzt; ist der Kühlschrank mit Lebensmitteln gut gefüllt, so besitzen diese einen viel höheren Wasserwert als die Badflüssigkeit. Durch den Einbau eines Thermostaten kann man die Temperaturschwankungen stets in den Grenzen von 4 bis 5° halten. Bei direkter Verdamp-

fung rechnet man mit einer Wärmedurchgangszahl $k = 10 \frac{\text{kcal}}{\text{m}^{2 0}\text{h}}$.
Der Verdampfer wird meist in der oberen Hälfte des Schrankes rechts oder links angeordnet und beansprucht 20 bis 25% des Innenraumes (Abb. 12, 13, 15, 43 und 64). Nach den auf S. 20 besprochenen Versuchen ergibt aber die Anordnung des Verdampfers in der Mitte des Oberteils eine gleichmäßigere Temperaturverteilung (Abb. 14 und 18). Zwischen den Wänden des Verdampfers und den Schrankwänden muß allseitig genügend freier Raum für eine ungehinderte Konvektionsströmung der Luft verbleiben; diese Forderung muß im Interesse einer intensiven Kühlwirkung und einer möglichst gleichmäßigen Temperaturverteilung im Kühlschrank un-

Abb. 45. Wickelung der Verdampferrohre um die Eispfannen. (Kelvinator.)

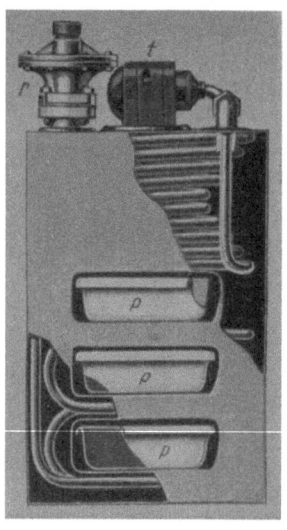

Abb. 46. Verdampfer der Copeland Products, Detroit.

bedingt erfüllt werden. In gewissen Grenzen läßt sich die Kühlwirkung durch künstliche Behinderung dieser Luftströmung regeln, was durch eine Auf- und Abwärtsbewegung der Dämpferplatte (Abb. 15) erzielt wird. Am Verdampfer (Abb. 15, 43, 44 und 46) befindet sich das automatische Regulierventil r (vgl. Abb. 5) und der von den letzten Verdampfer-Rohrwindungen umschlossene Temperaturregler t (vgl. Abb. 8), der die Zuführung z (Abb. 15) des elektrischen Stromes zum Antriebsmotor ein- und ausschaltet.

Ein Beispiel für eine Anlage mit direkter Verdampfung liefert der „Frigidaire"-Verdampfer Abb. 22, und der Verdampfer von

Elektrolux. Beim „Autofrigor" (Abb. 34) und „Autopolar" (Abb. 35) besteht der Verdampfer aus einem vertikalen Rohr mit radialen Rippen, in dessen unteren Teil kleine Eiskästen eingeschoben werden können. An Stelle des Regulierventils ist eine Düse von 0,35 bis 0,5 mm Durchmesser angeordnet. Den Einbau in einen Kühlschrank zeigt Abb. 18. Zwei verschiedene Verdampfergrößen für Solekühlung der Kelvinator Corporation zeigen die Abb. 43 und 44. In Abb. 45 ist die Wickelung der Verdampferschlangen um die zur Aufnahme der Eispfannen dienenden Schubfächer p gezeigt (Kelvinator). Ein weiteres Beispiel zeigt Abb. 46 (Copeland Products, Detroit). Bei der A-S-Maschine von Brown Boveri taucht die rotierende Verdampfer-Trommel zur Hälfte in das Solebad ein (Abb. 16 und 33); dadurch wird die Sole mitgenommen und dem im Schrank angeordneten Kühlkörper zugeführt.

5. Einige besondere Formen von Kompressionsmaschinen.

Der Vollständigkeit halber seien noch einige Ausführungsformen von Haushalt-Kompressionsmaschinen erwähnt, bei denen noch keine genügenden Beweise für ihre praktische Verwendungsfähigkeit erbracht wurden[1].

1. Kaltluftmaschine der Airaplex Refrigidarium Corp. in Minneapolis, Minn. Der Antrieb des Kompressors erfolgt durch einen mit Leuchtgas betriebenen Verbrennungsmotor. Die verdichtete Luft wird in Kupferrohren durch atmosphärische Luft gekühlt und expandiert dann unter starker Temperatursenkung in einer Düse, wobei sie beim Eintritt in den Kühlschrank die darin enthaltene erwärmte Luft in starke Zirkulation versetzt. Die überschüssige Luft tritt aus dem Kühlschrank heraus und kühlt die verdichtete Luft im Gegenstrom vor. Mit sinkender Temperatur im Kühlschrank wird der Gaszufluß zum Verbrennungsmotor automatisch gedrosselt.

2. Turbo-Maschine von Nathaniel B. Wales in New York. In einem kleinen Kessel wird durch indirekte Beheizung mit Gas unter Zwischenschaltung eines Wassermantels Chloraethyl ver-

---

[1] Vgl. American Gas Association, Report of Refrigeration by Gas Committee, New York, 1926.

dampft. Dieser Dampf treibt ein Turbinenrad von etwa 6″ im Durchmesser, das mit einem Turbokompressor für Chloraethyl direkt gekuppelt ist. Der Abdampf der Chloraethyl Turbine und der komprimierte Dampf des Chloraethyl-Turbokompressors werden in dem gleichen luftgekühlten Kondensator niedergeschlagen. Von hier aus wird ein Teil des flüssigen Chloraethyls in den Heizkessel zurückgeführt, während der Rest in üblicher Weise durch ein Reguliervalve dem Verdampfer zufließt.

Der Ausführung dieser beiden Bauarten dürften sich erhebliche praktische Schwierigkeiten entgegenstellen.

IV. Besondere Merkmale der Absorptionsmaschinen.
Periodische Absorptionsmaschinen.

Der Wunsch, Kältemaschinen für den Haushalt ohne jeden bewegten Teil zu bauen, hat dazu geführt, den Prozeß der aus dem Großmaschinenbau bekannten Carréschen Ammoniak-Absorptionsmaschinen zeitlich in zwei Perioden zu trennen, deren erste, kürzere das Austreiben der Ammoniakdämpfe aus dem beheizten Kocher und ihre Verflüssigung im wassergekühlten Kondensator bei hohem Druck umfaßt; bei der zweiten, längeren Periode artet nach Umschalten des Kühlwassers und entsprechender Drucksenkung der Kocher in den Absorber und der Kondensator in den Verdampfer aus. Als absorbierende Flüssigkeit wurde zunächst Wasser beibehalten. Solche kleine periodische Maschinen wurden nach dem Kriege in großer Zahl und in sehr verschiedenen Ausführungsformen gebaut; in Deutschland gebührt E. Rumpler das Verdienst, die Initiative auf diesem Gebiet ergriffen zu haben, wobei er amerikanischen Anregungen gefolgt ist. An sich ist aber der Gedanke bedeutend älter, wir finden ihn bereits in Patentschriften, die über 40 Jahre zurückliegen[1]. In der Form der Schwefelsäure-Absorptionsmaschinen (Vakuummaschinen) sind sie sogar noch älter. Für die Berechnung solcher Maschinen hat Altenkirch[2] einige Unterlagen mitgeteilt.

---

[1] Z. B. in den Deutschen Patentschr. Nr. 35826 vom 14. 9. 1885 und in Nr. 37127.

[2] Altenkirch, E.: Lehrbuch der Techn. Physik von Dr. G. Gehlhoff, Abschnitt Kältetechnik S. 337. Verlag A. Barth, Leipzig 1924, I. Bd.

1. Wahl der Arbeitsstoffe.

Bei den ältesten Maschinen wurde nach dem Vorschlag von Carré als Kälteträger Wasserdampf und als absorbierender Stoff konzentrierte Schwefelsäure (H_2SO_4) gewählt. Mit diesen Arbeitsstoffen werden auch heute noch ganz kleine Haushaltungseismaschinen gebaut[1], die hauptsächlich für die Tropen bestimmt sind. Die Maschinen sind nicht bewegungslos, es gehört vielmehr eine Vakuumpumpe dazu, weil das Wasser unter atmosphärischem Druck bei tiefen Temperaturen nur sehr langsam verdunstet. Die Schwefelsäure wird nach der Aufnahme des Wasserdampfes gewöhnlich nicht regeneriert, sondern nach Erreichung eines bestimmten Verdünnungsgrades weggegossen und durch neue ersetzt. Die Maschinen werden entweder von Hand oder durch einen kleinen Elektromotor betrieben. In neuester Zeit hat E. Altenkirch eine mit Schwefelsäure und Wasser betriebene Absorptionsmaschine entwickelt, die keinerlei bewegte Teile besitzt und einen geschlossenen Kreisprozeß ohne Verbrauch von Chemikalien ausführt (s. S. 95).

Wesentlich bedeutungsvoller ist das binäre System Wasser + Ammoniak, bei welchem letzteres als Kälteträger dient[2]. Aus wässerigen Ammoniaklösungen (Salmiakgeist) wird bei Erwärmung Ammoniak ausgetrieben und im Kondensator durch Kühlwasser niedergeschlagen; leider läßt es sich nicht vermeiden, daß gleichzeitig kleine Mengen Wasserdampf mitgerissen werden, die bei der anschließenden Verdampfung eine recht schädliche Wirkung ausüben, da sie einen Teil des Ammoniaks in der Lösung zurückhalten und ihn an der nutzbaren Verdampfung behindern[3]. Eine weitere Schwierigkeit bei den mit flüssigen Absorptionsmitteln arbeitenden sog. „nassen" Maschinen liegt darin, daß das absorbierte Mittel (NH_3) zwar leicht bei der Kochperiode von der Oberfläche verdampft, aber bei der Kühlperiode nur dann absorbiert wird, wenn es in die

---

[1] Z. B. von der Thüringer Eismaschinen Gesellschaft in Gera (vgl. E. Schneider, Z. ges. Kälteind. 1927, S. 7) und von der Hansa-Kälteindustrie in Bergedorf.

[2] Über die thermischen Eigenschaften von wässerigen Ammoniaklösungen vgl. Mollier, H.: Forsch. Arb. des V. D. I. Heft 63/64, 1909. Wilson, Th. A.: Univ. of Illinois, Bulletin No. 23, 1927.

[3] Vgl. Plank, R.: Theorie der Absorptionskältemasch. Z. ges. Kälteind. 1910.

absorbierende Flüssigkeit hinein geleitet wird; für das Austreiben und die Absorption braucht man also verschiedene Gaswege, von denen der eine immer geschlossen sein muß. Dadurch wird die Konstruktion erschwert, man braucht entweder Ventile in den Leitungen, die zu Undichtigkeiten Veranlassung geben, oder man muß besonders sinnreiche Schaltungen und Hilfsmittel verwenden, auf die noch eingegangen werden wird. Die flüssige Füllung ist ferner noch insofern nachteilig, als sie durch ihren hohen Wasserwert den zur jedesmaligen Durchwärmung bei der Kochperiode erforderlichen Energieaufwand steigert und bei Unfällen (Explosionen) ein erhöhtes Gefahrmoment bedeutet.

Man hat sich daher bemüht, das Wasser durch feste Substanzen zu ersetzen, die Ammoniak oder andere Kälteträger in hohem Maße absorbieren. Es entstanden dadurch die sog. „trockenen" Absorptionsmaschinen. Zunächst wurde für diesen Zweck Ammoniumnitrat (NH_4NO_3) vorgeschlagen[1], das jedoch bei 12° auf 100 Gewichtsteile nur 35 Gewichtsteile Ammoniak aufnimmt und sich dabei verflüssigt. Zwei Teile dieser Flüssigkeit läßt man von einem Teil geglühter Kieselgur oder von anderen porösen Stoffen aufsaugen und erhält so eine trockene absorbierende Masse. Die geringe Absorptionsfähigkeit des Ammoniumnitrats und die inaktive, nur als Ballast anzusprechende poröse Masse, erfordern schon bei kleinen Kälteleistungen recht große unwirtschaftliche Apparaturen.

Wesentlich größere Vorteile bieten bei ihrer Verwendung als trockene Absorptionsmittel die Halogenverbindungen verschiedener Metalle, insbesondere Chlorkalzium ($CaCl_2$), das im System „Sicfrigo" (Abb. 60, Humboldt, Köln und Schwarzwaldwerke Lanz, Mannheim) Verwendung findet[2]. Dieses Salz absorbiert über 100% seines Gewichtes an Ammoniak und die entstehende komplexe Verbindung bleibt ebenfalls fest. Der höchsten Sättigung entspricht die Verbindung $CaCl_2 \cdot 8NH_3$, bei der das Chlorkalzium 123% seines Gewichts an Ammoniak absorbiert hätte[3]. Bei Zimmertemperatur stellt sich dieses Gleichgewicht bei einem Druck von etwa 0,5 ata ein, doch ist die Reaktionsgeschwindigkeit ziemlich klein. Diese Verbindung

---

[1] The Seay Syndicate Ltd. in Manchester. DRP. 363826.

[2] DRP. 436988.

[3] Über Dissoziationsgleichgewichte von Chlorkalzium-Ammoniakaten vgl. insbesondere G. F. Hüttig, Zeitschr. für anorg. und Allg. Chemie, Bd. 183, S. 31, 1922. Dort ist auch die ältere Literatur angegeben.

bezeichnet man als Oktamminkalziumchlorid. Praktisch wird dieser höchste Sättigungsgrad nicht ganz erreicht; man kann mit etwa 1,05 bis 1,10 kg NH_3 auf 1 kg $CaCl_2$ rechnen. Das trockene Chlorkalzium muß im Kocher-Absorber sehr locker geschichtet werden, da es sich bei der Aufnahme von Ammoniak um das 4 bis 5 fache seines Volumens ausdehnt. Hierbei tritt leicht ein Zusammenbacken der Masse ein, welches einerseits erwünscht ist, da die zusammenhängende, unverrückbare Masse, die auch nach dem Austreiben einer großen Menge Ammoniak bei der Kochperiode ihre Konsistenz nicht ändert, ein Kippen der Apparate beim Transport ohne weiteres gestattet; anderseits können beim Zusammenbacken gewisse Teile von Chlorkalzium vor ihrer vollständigen Sättigung mit Ammoniak eingekapselt werden. Die Einkapselung vor der vollständigen Aktivierung kann entweder durch konstruktive Maßnahmen verhindert werden (Anordnung des Chlorkalziums in dünnen Schichten auf geheizten bzw. gekühlten Unterlagen) oder es wird nach einem amerikanischen Vorschlag[1] dem Chlorkalzium ein gewisser Zusatz aktiver Kohle gegeben, die als Trennkörper dient und auch ihrerseits, wenn auch nicht in gleichem Maße, Ammoniak aufzunehmen vermag (Adsorptionswirkung, siehe S. 61).

Bei Erwärmung des Kochers auf 100° und bei einem Kondensatordruck von 10 ata wird reichlich die Hälfte des absorbierten Ammoniaks wieder ausgetrieben; bei Erwärmung auf 120° werden fast zwei Drittel des Ammoniaks frei und für die Kälteerzeugung verfügbar. Die Zusammensetzung im Kocher am Schluß der Kochperiode entspricht einem Gemisch von $CaCl_2.4NH_3$ und $CaCl_2.2NH_3$. Als ein Nachteil der trockenen Absorptionsmaschinen ist die schlechte Wärmeleitfähigkeit des trockenen Arbeitsstoffes hervorzuheben, die besondere konstruktive Maßnahmen erfordert. Demgegenüber besteht jedoch der Vorteil, daß man beim Bau von Ammoniakmaschinen mit trockenem Absorptionskörper Kupfer und Kupferlegierungen ohne weiteres verwenden kann. (Z. B. bei der Maschine der National Refrigerating Comp. in New Haven, Conn.). Die bekannten chemischen Einwirkungen von Ammoniak auf Kupfer treten nämlich nur bei Anwesenheit von Wasserdampf und Luftsauerstoff ein; vollkommen trockenes Ammoniak greift Kupfer gar nicht an. Da die kleinen Absorptionsmaschinen vor der

---

[1] Amerikanische Patentschrift 1,383,246 vom Jahre 1921.

Füllung evakuiert und dann vollkommen hermetisch verschlossen werden, so ist bei Füllung mit wasserfreiem Chlorkalzium und wasserfreiem Ammoniak die Verwendung von Kupfer völlig gefahrlos.

Die chemische Reaktionswärme bei der Bildung von $CaCl_2 \cdot 8NH_3$ aus reinem Chlorkalzium und Ammoniak beträgt 11,3 kcal pro Gramm-Molekül (17 g) Ammoniak oder 650 kcal für 1 kg NH_3. Dagegen beträgt die Bildungswärme von $CaCl_2 \cdot 8NH_3$ aus $CaCl_2 \cdot 4NH_3$ und Ammoniak nur 9,8 kcal pro Gramm-Molekül oder 576 kcal für 1 kg NH_3[1]. Dieselbe Wärme muß natürlich aufgewendet werden, um das Ammoniak wieder auszutreiben. Die Austreibungswärme ist also größer als aus einer wässerigen Ammoniaklösung.

Es ist auch vorgeschlagen worden, in nassen und trockenen Maschinen an Stelle von NH_3 ein anderes Kältemittel zu verwenden, beispielsweise Methylamin (CH_3NH_2)[2] oder Äthylamin $(C_2H_5NH_2)$, um den Dampfdruck im Kondensator und Verdampfer herabzusetzen und die Lösung des Problems der luftgekühlten Absorptionsmaschine dadurch zu erleichtern; doch scheinen praktische Erfahrungen mit diesen Kältemitteln noch nicht vorzuliegen.

Da die thermischen Eigenschaften von Methylamin und Äthylamin nicht allgemein bekannt sind, sollen dieselben hier in großen Zügen mitgeteilt werden[3]:

Dampfdruckkurve:

CH_3NH_2		$C_2H_5NH_2$	
$t = -\ 7{,}55°$	$p = 0{,}98$ ata	$t = +\ 15{,}45°$	$p = 0{,}98$ ata
$+\ 15{,}4$	$2{,}69$ „	$+\ 46{,}0$	$2{,}84$ „
$+\ 41{,}0$	$6{,}13$ „	$+\ 73{,}6$	$6{,}54$ „
$+\ 51{,}0$	$8{,}24$ „		
$t_{krit} = +\ 156{,}9$	$p_{krit} = 76{,}1$ „	$t_{krit} = 183{,}2$	$p_{krit} = 57{,}4$ „

Die Dampfdrücke liegen also bei Methylamin etwas unterhalb derjenigen von schwefliger Säure. Der Erstarrungspunkt von Methylamin liegt bei $-\ 92{,}5°$.

---

[1] Nach Messungen von Isambert, Comptes rendus, Bd. 86, S. 968, Jahrgang 1878. Vgl. auch G. F. Hüttig a. a. O. und W. Biltz, Zeitschr. f. anorg. und allg. Chemie, Bd. 130, S. 93, 1923.

[2] D. R. P. 436988.

[3] Vgl. Physikal. Chem. Tabellen von Landolt-Börnstein.

Absorptionsvermögen: Von 100 g Wasser werden bei einem Druck von 760 mm Quecksilbersäule folgende Gewichtsmengen absorbiert

	CH_3NH_2	$C_2H_5NH_2$
$t = 12,5°$	160 g	
25	133 „	
60	47,7 „	43,6 g

Die **Lösungswärme** von gasförmigen Methylamin in Wasser beträgt etwa 12 kcal pro Gramm-Molekül (31 g).

Die **Verdampfungswärme** beträgt bei Zimmertemperatur für Methylamin etwa 190 kcal/kg und für Äthylamin etwa 146 kcal/kg.

Das **spezifische Gewicht** von flüssigem Methylamin ist etwa 0,7 kg/l.

Methylamin verbrennt an der Luft mit gelber Flamme. Gegenüber Metallen verhält es sich chemisch ähnlich wie Ammoniak, so daß die Verwendung von Kupfer und Kupferlegierungen zu vermeiden ist. Für die Verwendung in Kältemaschinen ist es wichtig, daß Methylamin (oder genauer Mono-Methylamin CH_3NH_2) möglichst rein ist und nicht durch Dimethylamin (($CH_3)_2NH$) oder Trimethylamin (($CH_3)_3N$) verunreinigt ist. Leider ist der Herstellungspreis von reinem Methylamin heute noch sehr hoch.

2. Die Adsorptionsmaschinen.

Der Absorptionsvorgang entspricht einer chemischen Reaktion, bei der häufig große Reaktionswärmen frei werden. Es entstehen dabei neue chemische Verbindungen, wie NH_4OH, $CaCl_2 \cdot 8NH_3$ u. a., die fest gefügt sind und zu deren Spaltung, d. h. zur Austreibung des Ammoniaks, wieder große Wärmemengen und erhebliche Temperatursteigerungen erforderlich sind. Daneben ist es aber seit langer Zeit bekannt, daß hochporöse feste Körper wie Holzkohle, Kieselgur, Bimsstein, Meerschaum u. a. an ihrer Oberfläche bedeutende Mengen von Gasen und Dämpfen festzuhalten vermögen. Diese Erscheinung, die man als **Adsorption** bezeichnet, gehört in das Gebiet der Kapillarchemie. Die Adsorption wurde früher als rein physikalischer Vorgang aufgefaßt; dem widerspricht aber die Tatsache, daß auch bei der Adsorption Wärmetönungen auftreten, die allerdings viel geringer sind als bei den Absorptionsvorgängen. Eine chemische Verbindung im gewöhn-

62 Besondere Merkmale der Absorptionsmaschinen.

lichen Sinne stellt aber die Adsorption auch nicht dar, denn es ist bekannt, daß z. B. das chemisch völlig inaktive Argon von Holzkohle in nennenswertem Umfang adsorbiert wird. Wahrscheinlich ist die Adsorption als eine lockere Verbindung aufzufassen, wie man sie sich in der Chemie durch Nebenvalenzen ausgeübt denkt[1]. Die adsorbierte Gasmenge nimmt mit wachsendem Gasdruck erst rasch und später langsam zu. Mit wachsender Temperatur nimmt die adsorbierte Gasmenge erst rasch und dann langsam ab

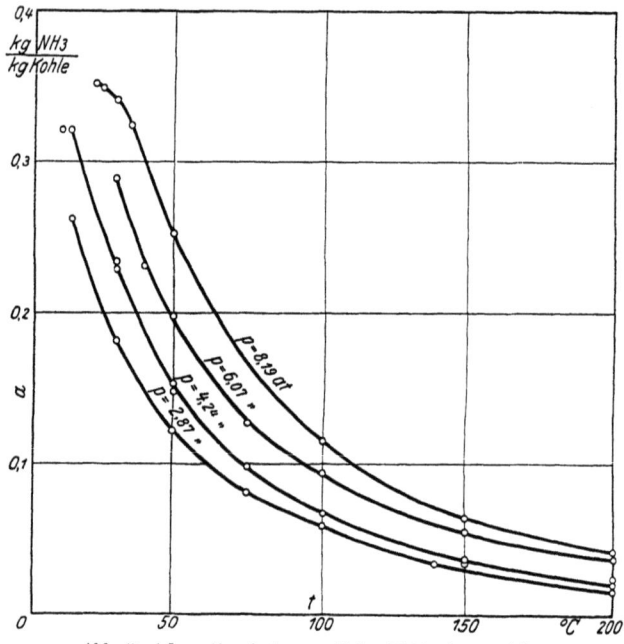

Abb. 47. Adsorptionsisobaren. Aktive Kohle-Ammoniak.

(Abb. 47). Bei verschiedenen Gasen und gleichem Adsorbens ist die Adsorption um so stärker, je leichter sich die Gase verflüssigen lassen. Das Adsorptionsprinzip kann nun ebenso wie das Absorptionsprinzip auf die Kälteerzeugung angewendet werden.

Es hat sich gezeigt, daß getrocknete kolloidale Kieselsäure („Silica Gel") nennenswerte Mengen Wasserdampf aufzunehmen

---

[1] Vgl. z. B. H. Freundlich: Grundzüge der Kolloidlehre. Leipzig, Akad. Verlagsges. 1924.

vermag[1]. Da der Dampfdruck des Wasserdampfs bei tiefen Temperaturen sehr niedrig ist, verläuft der Kälteerzeugungsprozeß im starken Vakuum. Dadurch entstehen einerseits Schwierigkeiten mit der Abdichtung der Apparate und andererseits sind bei den niedrigen Dampfdrücken die adsorbierten Mengen verhältnismäßig klein, so daß die Apparate trotz der hohen Verdampfungswärme des Wassers ziemlich umfangreich werden. Für größere Leistungen braucht man zur dauernden Aufrechterhaltung des Vakuums eine besondere Vakuumpumpe. Das Silica Gel ist auch ein schlechter Wärmeleiter[2].

Die Silica Gel-Kältemaschinen werden in Amerika von der Silica-Gel Corporation in Baltimore, der Copeland Products Co. in Detroit und der Safety Car Heating and Lighting Co. in New Haven entwickelt. In Deutschland werden sie von A. Borsig, Berlin, bearbeitet. Nach jahrelangen Bemühungen soll es jetzt gelungen sein, eine praktisch brauchbare Lösung zu finden, so daß diese Maschinen voraussichtlich bald auf dem Markt erscheinen werden. Um das hohe Vakuum zu vermeiden, hat man versucht, das Wasser durch einen anderen Kälteträger zu ersetzen, und gefunden, daß Silica Gel bis zu 40% seines Gewichts an schwefliger Säure (SO_2) zu adsorbieren vermag. Von dieser Menge können etwa $^3/_4$ für die Kälteerzeugung nutzbar gemacht werden. Das Silica Gel wird in senkrechten Rohren von $^3/_4''$ Durchmesser untergebracht, die zu Bündeln vereinigt und durch Sammelstücke verbunden sind. Diese Rohrbündel werden bei der Kochperiode durch Heizgase direkt beheizt und bei der Kühlperiode durch den natürlichen Luftauftrieb gekühlt. Auch der Kondensator dieser Maschinen ist luftgekühlt. Die Leistungsziffer ist zunächst noch ziemlich niedrig: man braucht für 1000 kcal Kälte etwa 8000 kcal Heizwärme.

Als wichtigstes Adsorbens ist aber zweifellos die aktive Kohle anzusprechen[3]. Als Ausgangsprodukt dienen Torf und Kokosnußschalen, deren kolloid-disperser Feinbau bei vorsichtigem Verkohlen

---

[1] Über die Eigenschaften, die Herstellung und die Verwendung von Silica Gel, siehe O. Kausch: „Das Kieselsäuregel und die Bleicherden". Berlin: Julius Springer, 1927.

[2] Vgl. z. B. Cold Storage, Sept. 1924, Febr. u. März 1925.

[3] In Deutschland werden aktive Kohlen hauptsächlich von der Carbo Union hergestellt (Arbeitsgemeinschaft der J. G. Farbenindustrie mit der Metallbank in Frankfurt und dem Verein f. chem. u. metallurg. Produktion in Karlsbad).

64 Besondere Merkmale der Absorptionsmaschinen.

erhalten bleibt. Das Material wird mit Zinkchlorid getränkt und bei 500 bis 700° in einer Kohlensäureatmosphäre verkokt; nach einem anderen Verfahren erfolgt die Aktivierung unter Anwendung von Wasserdampf bei 900 bis 1000°. Für die Kälteerzeugung kommt in erster Linie das System aktive Kohle-Ammoniak in Frage, doch können auch andere flüchtige Stoffe, z. B. Alkohole verwendet werden. Es werden schon heute aktive Kohlen hergestellt, die bei Zimmertemperatur etwa 50% ihres Gewichtes an Ammoniak adsorbieren und es ist anzunehmen, daß bald noch höherwertige Qualitäten auf dem Markt erscheinen werden. Die Adsorptionsgrenze für die wirtschaftliche Verwertung in kleinen Haushaltungskältemaschinen dürfte bei etwa 75% erreicht sein. In Abb. 47 sind für eine ältere Sorte aktiver Kohle die Adsorptionsisobaren nach Henglein und Grzenkowski dargestellt[1].

Als geeignete Adsorptionskörper erscheinen ferner die Zeolithe, eine Mineralgruppe von Tonerde-Kalk-Natronsilikaten von verschiedener Zusammensetzung.

3. Die Arbeitsweise nasser periodischer Absorptionsmaschinen.

Die Grundelemente sind bei allen Maschinen die gleichen: ein Kocher-Absorber mit Heizquelle und Kühlschlange, ein Rektifikator zur Abscheidung des mitgerissenen Wasserdampfes und ein Kondensator mit angeschlossenem Sammelbehälter für das verflüssigte Kältemittel, der während der Kühlperiode als Verdampfer dient. Die kennzeichnenden Merkmale der einzelnen Ausführungen beziehen sich auf folgende Operationen:

a) Steuerung der Ammoniakwege. (Austreibung von der Oberfläche, Absorption unter dem Flüssigkeitsspiegel.)

b) Rückführung des mitgerissenen Wassers.

c) Umschaltung von der Kochperiode auf die Kühlperiode und umgekehrt.

Die beiden ersten Operationen kommen natürlich nur bei nassen Absorptionsmaschinen in Frage. Das Schema der Wirkungsweise einer periodischen nassen Absorptionsmaschine ist in Abb. 48 dargestellt: Bei der Kochperiode, die 1½ bis 2½ Stunden dauert,

---

[1] Henglein, F. A. und Grzenkowski, M.: Zeitschr. f. angewandte Chemie 1925, Nr. 52, S. 1186.

Die Arbeitsweise nasser periodischer Absorptionsmaschinen. 65

wird durch Beheizung des Kochers A (elektrisch oder mittels Gas das Ammoniak ausgetrieben; das Ventil V_1 ist geöffnet, die Ventile V_2 und V_3 dagegen sind geschlossen. Das Ammoniak mit Spuren von Wasserdampf tritt durch die Rohrleitung a in den Kondensator B, wo es durch Kühlwasser verflüssigt wird und sammelt sich dann im Verdampfer C, der in den Haushaltungsschrank eingebaut ist. Der Dreiweghahn H ist so gestellt, daß das Kühlwasser durch die Leitung c abfließt. Ist genügend Ammoniak in C angesammelt, so wird auf die Kühlperiode umgeschaltet. Dazu muß nach Abschaltung der Heizquelle Ventil V_1 geschlossen, V_2 geöffnet und der Dreiweghahn H um 90° gedreht werden. Jetzt tritt das Kühlwasser in die Spirale, kühlt den Kocher A und fließt durch die Leitung d ab. Die abgekühlte arme Lösung beginnt nun Ammoniakdämpfe zu absorbieren, wodurch der Druck in allen Teilen der Apparatur sinkt und das Ammoniak in C bei niedriger Temperatur verdampft. Die gebildeten Dämpfe treten durch die Leitung b in den unteren Teil des Behälters A, der jetzt als

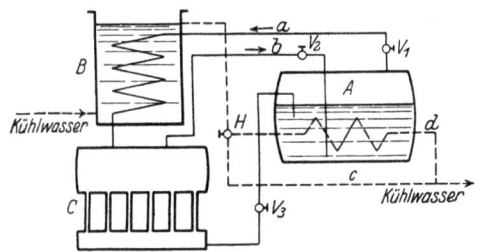

Abb. 48. Schematische Darstellung einer Absorptionsmaschine.

Absorber wirkt und werden unter Wasser absorbiert. Die Absorptionswärme wird durch die Kühlschlange dauernd abgeführt. Nach mehrfacher Wiederholung dieser Vorgänge sammelt sich am Boden von C so viel mitgerissenes Wasser, daß die Kälteleistung infolge Zurückhaltens eines großen Teiles Ammoniak stark beeinträchtigt wird. Das Wasser muß daher von Zeit zu Zeit in den Behälter A zurückgeführt werden. Dazu werden nach einer Kochperiode die Ventile V_1 und V_2 geschlossen und V_3 geöffnet. Die im Verdampfer C gebildeten Dämpfe drücken dann den ganzen Verdampferinhalt in den Behälter A zurück.

Der Nachteil dieser Anordnung besteht in den zahlreichen Handgriffen zur Betätigung der Ventile, die außerdem zu Undichtigkeiten Veranlassung geben. Angestrebt wird eine ventillose Maschine mit automatischer Steuerung der Ammoniakwege und automatischer Rückführung des mitgerissenen Wassers.

Zu a. Für die **Steuerung der Ammoniakwege** sind folgende Mittel vorgeschlagen:

α) Anordnung eines **Schwenkrohres**,
β) **Niveau-Verlegung** im Kocher-Absorber,
γ) Anwendung von **Sperrflüssigkeiten**.

Zu α. Bei der älteren Bauart von Rumpler (Abb. 49) findet sich ein **Schwenkrohr** f. Während der Kochperiode liegt die Öffnung des Rohres über dem Flüssigkeitsspiegel des Kochers a, so daß die ausgetriebenen NH_3-Dämpfe durch das Rohr f in den Rekti-

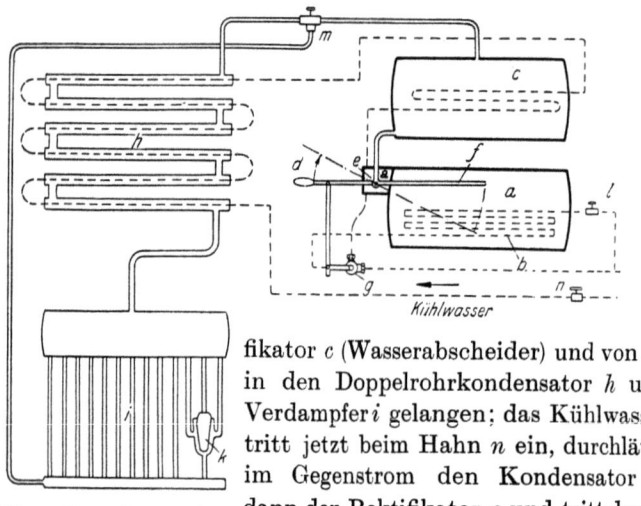

Abb. 49. Absorptionsmaschine von Rumpler.

fikator c (Wasserabscheider) und von da in den Doppelrohrkondensator h und Verdampfer i gelangen; das Kühlwasser tritt jetzt beim Hahn n ein, durchläuft im Gegenstrom den Kondensator h, dann den Rektifikator c und tritt durch den Hahn g in das Ablaufrohr. Beim Umschalten auf die Kühlperiode wird das Schwenkrohr f durch Heben des Handgriffs d in die arme Lösung gesenkt. Die im Verdampfer i gebildeten Dämpfe gelangen nun auf dem gleichen Wege zurück in den Kocher, treten aber da unter den Flüssigkeitsspiegel und werden rasch absorbiert. Mit der Schwenkung des Rohres f wird durch ein Hebelsystem gleichzeitig der Kühlwasserhahn g umgeschaltet, so daß das Kühlwasser jetzt vom Rektifikator c in die Kühlschlange des Kochers tritt, die Absorptionswärme aufnimmt und durch den Wasserhahn l abläuft, der auf richtige Durchflußmenge eingestellt ist. Natürlich kann bei der Schwenkbewegung auch die Heizquelle des Kochers abgeschaltet werden.

Auf demselben Prinzip beruht auch der Absorptionskühlapparat „Gnom"[1] der Immerbrand Ofenvertriebs Gesellschaft in Berlin (Abb. 50). Kocher 1 und Kondensator 2 sind durch die hohle Welle 3 fest miteinander verbunden. Die Welle trägt einen Rohrstutzen 4, der dem Schwenkrohr bei der Bauart Rumpler entspricht, und der bei der Kochperiode über den Flüssigkeitsspiegel im Kocher hinausragt; gleichzeitig wird 1 durch den Brenner 5 geheizt und 2 durch das Kühlwasserschwenkrohr 6 berieselt. Beim Umschalten

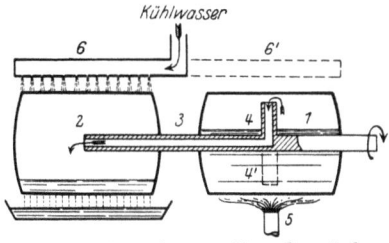

Abb. 50. Absorptionsmaschine „Gnom" der Immerbrand Ofenvertrieb A.-G. Berlin.

wird die Welle 3 um 180° verdreht, dadurch kommt der Stutzen 4 in die punktierte Stellung 4' und gleichzeitig wird 6 nach 6' verdreht und die Heizquelle abgeschaltet.

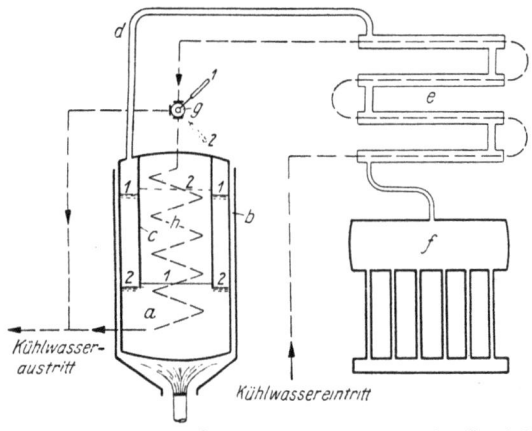

Abb. 51. AKA-Maschine der Absorptions-Kühlapparatebau G. m. b. H. (Klein-Kälteindustrie Union) Berlin.

Zu β. Die Steuerung der Ammoniakwege mit Hilfe der Niveauverlegung veranschaulicht Abb. 51 (AKA Absorptionskühlapparatebau G. m. b. H., Berlin). Der Kocher a ist von einem Heizmantel b umgeben und besitzt im Inneren einen unten offenen Einsatzzylinder c. Bei der Kochperiode wird die reiche Ammo-

[1] D.R.P. 394651.

niaklösung durch die im Einsatzzylinder gebildeten Dämpfe in den äußeren Ringraum gedrückt (Flüssigkeitsspiegel 1—1—1), wo sie der Wirkung der im Mantel b aufsteigenden Heizgase am stärksten ausgesetzt ist. Die gebildeten Dämpfe können nur durch die Leitung d in den Kondensator e und von da in verflüssigtem Zustand in den Verdampfer f entweichen. Dabei fließt das Kühlwasser im Gegenstrom durch den Kondensator und durch den Dreiweghahn g (Hebelstellung 1) in den Abfluß. Beim Übergang auf die Kühlperiode wird der Hebel des Dreiweghahns g in die Stellung 2 gedreht, wobei gleichzeitig die Heizquelle ausgeschaltet wird. Das Kühlwasser fließt nun durch die Kühlschlange h. Die im Verdampfer gebildeten Dämpfe drücken auf den Flüssigkeitsspiegel in a und heben die arme Ammoniaklösung in den Einsatz-

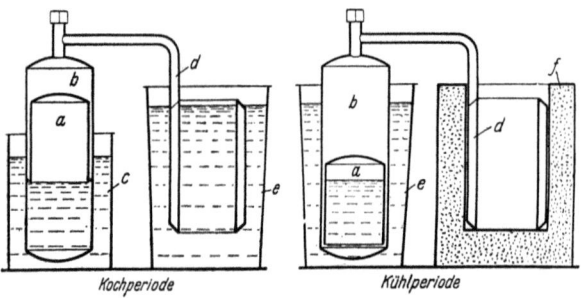

Abb. 52. Absorptionsapparat von C. Senssenbrenner, Düsseldorf.

zylinder c (entsprechend dem punktierten Niveau 2—2—2). Die Ammoniakdämpfe können nun um die untere Kante des Einsatzzylinders in diesen eintreten und werden beim Aufsteigen von der Flüssigkeit absorbiert.

Auf dem gleichen Prinzip beruht die Wirkung der kleinen Kühlapparate der Firma C. Senssenbrenner, Düsseldorf[1]. In Abb. 52 ist der unter der Bezeichnung „Kühljungens" vertriebene Flaschenkühlapparat dargestellt. Der die Niveauverlegung bewirkende Einsatzzylinder ist hier durch die Glocke a ersetzt. Bei der Kochperiode, die etwa 20 Min. dauert, wird der Kocher b in einen Behälter c mit siedendem Wasser gesetzt und der ringförmige Kondensator d in einen Eimer e mit kaltem Wasser versenkt. Bei der Kühlperiode wird das Kühlwasser erneuert und dann der

---

[1] D.R.P. 369578 und 418728

Die Arbeitsweise nasser periodischer Absorptionsmaschinen. 69

Kocher in e versenkt, während der nun als Verdampfer wirkende Apparat d in einen isolierten Behälter gestellt wird. In dem Hohlraum von d wird die zu kühlende Flasche angeordnet. Die Kälteleistung beträgt je Kochung etwa 60 kcal. Eine größere Ausführung dieses Apparates mit einer Kälteleistung von etwa 300 kcal je Kochung baut Senssenbrenner in Verbindung mit einer isolierten Kühlkiste, in der kleine Mengen von Lebensmittel aufbewahrt werden können. Der Betrieb dieser Maschinen erfordert aufmerksame Bedienung.

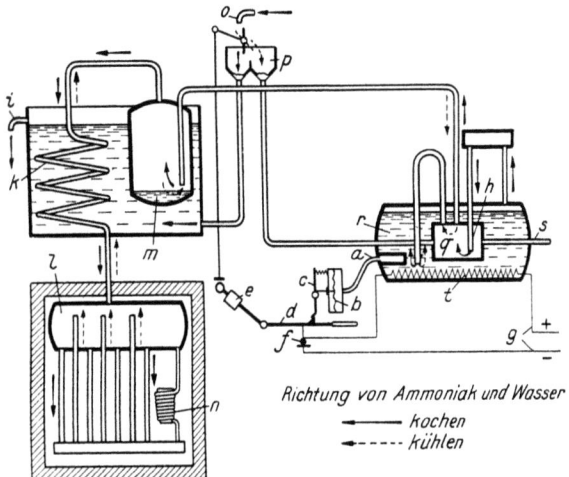

Abb. 53. Absorptionsmaschine von Mannesmann, Berlin.

Auf dem Prinzip der Niveauverlegung beruht auch die Wirkung der „Sorco"-Maschine der Gas Refrigeration Corp. in New York, Abb. 57, deren Arbeitsweise auf S. 73 ausführlich beschrieben ist[1].

Zu γ. Schließlich ist es möglich, die Ammoniakwege bei der Koch- und Kühlperiode durch Sperrflüssigkeiten zu steuern. Ein einfaches Ausführungsbeispiel ist in Abb. 53 (Mannesmann Industrie Handels-A.-G., Berlin) dargestellt. Die Fließrichtung des Ammoniaks und des Wassers ist darin für die Kochperiode durch ausgezogene Pfeile, für die Kühlperiode durch gestrichelte Pfeile dargestellt; q ist der Behälter mit der Sperrflüssigkeit (z. B. Quecksilber oder wässerige Ammoniaklösung). Die Wirkungsweise

---

[1] Amer. Patent 1,470,638 vom Jahre 1923.

ist aus Abb. 53 ohne weiteres zu erkennen. (Das Kühlwasserrohr s geht am Behälter q vorbei.) Ein ähnlicher Flüssigkeitsverschluß findet sich auch bei der Haushaltungsmaschine der **Keith Electric Refrigerator Company** in Toronto (Kanada). Als Sperrflüssigkeit kann aber auch nach einem von **Gebr. Bayer, Augsburg,** stammenden Vorschlag direkt das im Verdampfer angesammelte flüssige Ammoniak verwendet werden. Eine solche Anordnung ist in Abb. 54 dargestellt[1]. Der im Kocher a gebildete Dampf tritt durch den Rektifikator b in den Kondensator c und von da in verflüssigtem Zustand in den Verdampfer d, wobei das Rohr e bis zum Boden des Verdampfers reicht. Bei der Kühlperiode ist dann der Weg durch das Rohr e gesperrt und die kalten Dämpfe werden durch das Rohr f unter den Flüssigkeitsspiegel des Kochers geleitet.

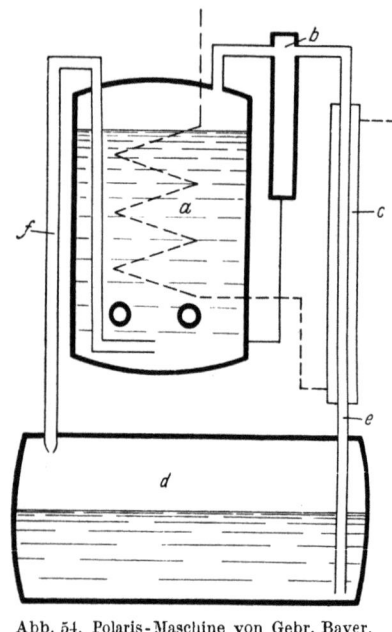

Abb. 54. Polaris-Maschine von Gebr. Bayer, Augsburg.

Zu b. **Rückführung des mitgerissenen Wassers.** Bei jeder Kochperiode wird in nassen Absorptionsmaschinen trotz der stets vorgesehenen Rektifiziervorrichtung eine kleine Menge Wasserdampf in den Verdampfer mitgerissen. Daher muß jede Maschine eine Vorrichtung zur Rückführung des mitgerissenen Wassers besitzen, die von Zeit zu Zeit oder auch in jeder Periode betätigt wird und am besten automatisch, mindestens aber ventillos arbeiten muß.

In Abb. 55 ist die von **Gebr. Bayer, Augsburg,** vorgeschlagene Lösung dargestellt[2]. Die Leitung a, durch welche die kalten Ammoniakdämpfe während der Kühlperiode aus dem Verdampfer c in

---

[1] D.R.P. 423042.   [2] D.R.P. 419720.

dem Absorber b gelangen, reicht bis zum Boden des Verdampfers und besitzt im oberen Teil des Verdampfers eine verhältnismäßig enge Öffnung d. Diese Öffnung reicht im normalen Betrieb zur Abführung der kalten Dämpfe aus dem Verdampfer aus. Zur gelegentlichen Rückführung des mitgerissenen Wassers, das sich am Boden des Verdampfers sammelt, wird durch künstlich erhöhte Wärmezufuhr im Verdampfer die Dampfbildung so verstärkt, daß die kleine Austrittsöffnung d nicht mehr ausreicht; der Dampf drückt dann die gesamte flüssige Füllung des Verdampfers durch die Leitung a in den Absorber zurück. In Abb. 55 ist e der Doppelrohrkondensator, nach dessen erster Windung ein Wasserabscheider f eingebaut ist; g sind die Heizpatronen. Eine gleichwertige Lösung für die Rückführung des Wassers ist in Abb. 54 dargestellt, wo die Verengung im Rohr f ebenfalls nur die bei normalem Betrieb entwickelte Dampfmenge durchläßt. Bei starker Dampfentwicklung wird die gesamte flüssige Füllung durch das Rohr e in den Absorber zurückgeschleudert.

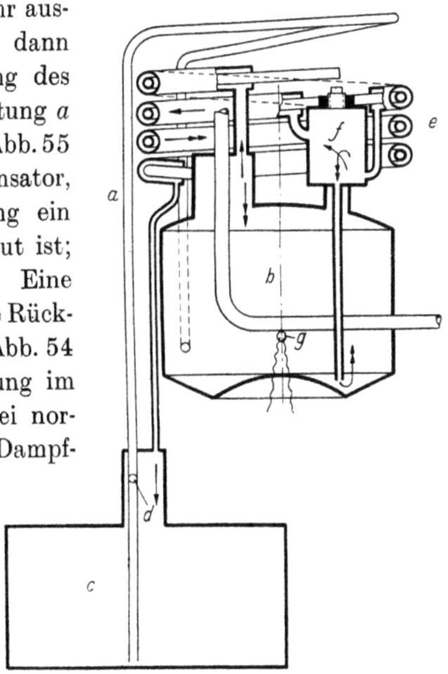

Abb. 55. Polaris-Maschine von Gebr. Bayer, Augsburg.

Nach dem Vorschlag der Francke-Werke in Bremen erfolgt die Rückführung nach Abb. 56 in folgender Weise[1]:

Das im Kondensator verflüssigte Ammoniak tritt durch die Leitung l_1 in den Verdampfer V, den es bei Abwesenheit von Wasser nur so weit füllt, daß der Rohransatz a in den Dampfraum herausragt. In der Kühlperiode tritt dann der Dampf durch a in die Leitung l_2 zum Absorber. Mit wachsender Wassermenge steigt der Flüssigkeitsspiegel bis über den Rohransatz a, wodurch der

---

[1] D.R.P. 411892.

72 Besondere Merkmale der Absorptionsmaschinen.

Dampfweg gesperrt wird. Der Dampf drückt dann zunächst das sich am Boden sammelnde, spezifisch schwerere Wasser durch das Tauchrohr b und die Leitung l_2 in den Absorber zurück, bis der Flüssigkeitsspiegel so weit sinkt, daß der Rohransatz a wieder freigegeben ist.

Die Rückführung des Wassers bei der „Sorco"-Maschine, Abb. 57 ist auf S. 76 erläutert.

Zu c. **Die Umschaltung von der Kochperiode auf die Kühlperiode** wird vielfach von Hand bewirkt. Man benutzt eine Weckeruhr, die nach Ablauf der Kochperiode durch das Klingelsignal an die Ausführung des Umschalte-Handgriffs erinnert, wobei das Abstellen der Heizquelle und das Umsteuern des Wasserweges zwangläufig gekuppelt ist. Will man die Umschaltung automatisch machen, so gibt es hierfür verschiedene Möglichkeiten: Die Schaltbewegung kann beispielsweise durch die Temperatur der heißen Lösung am Ende der Kochperiode beeinflußt werden; diese Temperatur darf nicht wesentlich über 120° steigen, wenn das Mitreißen größerer Wassermengen verhindert werden soll[1]. Das Druckrohr a des Temperaturreglers (Abb. 53, Mannesmann) ragt in den Kocher herein; die Membran b unterbricht bei ihrer Ausdehnung den Kontakt f des Heizstroms und schaltet gleichzeitig das Kühlwasser vom Kondensator auf den Absorber. Ähnliche Schalter besitzen auch die Maschinen von Gebr. Bayer, Augsburg (System „Polaris"). Bei der gasgeheizten „Sorco"-Maschine, Abb. 57, schaltet der im Kocher angeordnete Thermostat zunächst das Dreiwegventil für das Kühlwasser. Der Wasserdruck betätigt dann das Gasventil (vgl. S. 76). Nach Ablauf der Kühlperiode kann die Wiedereinschaltung der Heizquelle durch einen Thermostaten erfolgen, der von der Temperatur im Verdampfer oder im Kühlschrank beeinflußt wird. Die Schaltbewegung könnte auch durch Schwimmer bewirkt werden, die den veränderlichen Flüssigkeitsspiegeln im Kocher und im Ver-

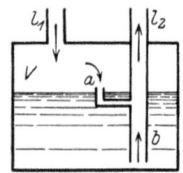

Abb. 56. Rückführung des Wassers nach dem Vorschlage der Francke-Werke, Bremen.

---

[1] Bei höheren Temperaturen sind auch wiederholt Zersetzungen des Ammoniaks in Wasserstoff und Stickstoff beobachtet worden, wobei die Kälteleistung stark abnahm. Diese Zersetzungen treten um so schwächer auf, je reiner die innere Oberfläche der Behälter und Leitungen ist. Ölschichten, Zunder, Rost und dgl. üben offenbar katalytische Wirkungen aus.

dampfer folgen. Ein anderer Weg besteht darin, daß man die ganze Apparatur um einen festen Drehpunkt schwenkbar anordnet. Kocher und Verdampfer liegen auf verschiedenen Seiten von diesem Drehpunkt. Während der Kochperiode wird der Kocher immer leichter und der Verdampfer immer schwerer. Die Gewichtsverschiebung leitet eine Kippbewegung ein, durch welche die Umschaltung auf die Kühlperiode bewirkt wird. Ebenso wird durch die entgegengesetzte Kippbewegung von neuem die Kochperiode eingestellt. Das Festhalten der Apparatur in der Kühlstellung kann auch dadurch bewirkt werden, daß ein Hebel oder Haken in eine Wasserschale taucht, deren Inhalt bei der Kühlperiode zum Gefrieren gebracht wird (Keith Electric Refrigerator Company, Toronto). Die Schwenkbewegung kann neben der Umschaltung natürlich auch zur Umsteuerung der Ammoniakwege und zur Rückführung des mitgerissenen Wassers verwendet werden[1].

Schließlich kann die Umschaltung auch mit Hilfe eines mit einem Uhrwerk versehenen Zeitschalters erfolgen.

4. Ausführungsformen nasser periodischer Absorptionsmaschinen.

a) System „Sorco" der Gas Refrigeration Corp. in New York, Erfinder: Stuart Otto in New York, gebaut von der Crocker Gas Refrigeration Co. in Sheboygan, Wis. U. S. A.

Der Kocher-Absorber Abb. 57 besteht aus zwei übereinanderliegenden zylindrischen Behältern a_1 und a_2, die durch das U-förmige Rohr b miteinander verbunden sind. Dieses Rohr geht durch den Behälter a_1 hindurch und ist darin mit zahlreichen Öffnungen c versehen.

Zu Beginn der Kochperiode befindet sich die ganze reiche Lösung von Ammoniak und Wasser in a_1. Wird das Gas im Brennerrohr d entzündet, so schlägt die Flamme gegen a_1 und a_2, wie aus dem Seitenriß zu erkennen ist. Der Dampfdruck des in a_1 ausgetriebenen Ammoniaks treibt die ganze flüssige Füllung in den oberen Behälter a_2 (Verlegung der Niveaufläche!), der als eigentlicher Kocher dient und aus dem das ausgetriebene Ammoniak mit etwas mitgerissenem Wasserdampf durch das Rohr e_1 über den Doppel-

---

[1] Z. B. in D.R.P. 435994 und in der französ. Patentschrift 606700 der Société Anonyme „Frigor".

74 Besondere Merkmale der Absorptionsmaschinen.

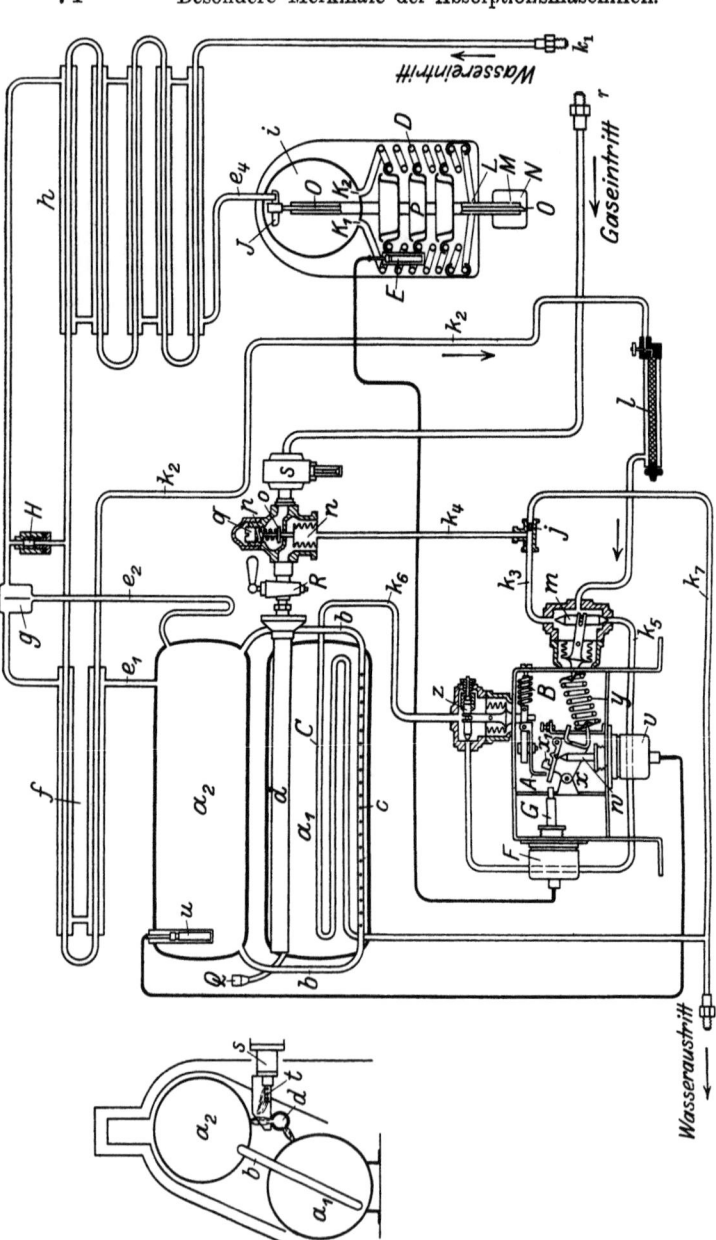

Abb. 57. Sorco-Maschine der Gas Refrigeration Corporation, New York. a_1, a_2 Kocher-Absorber; b Steig- und Fallrohr; c Öffnungen im Steigrohr; d Brenner; e Ammoniakleitungen; f Rektifikator; g Wasserabscheider; h Kondensator; i Verdampfer; j Drosselscheibe; k Kühlwasserleitungen; l Seiher; m elastische Membran; n Gasventil; o Feder; p Stellschraube; q Gasleitung; s Sicherheitsbrenner; t Zündflamme; u Thermostat; v elastische Membran; w Verstellstange; x Wassersparventil; y Schnapphebel; z Wassersparventil; A Mitnehmer; B Feder; C Kühlwasserschlange; D Verdampferschlangen; E Thermostat; F elastische Membran; G Verstellstange; H Bruchplatte; J Teller; K_1, K_2 Eintritt in die Verdampferschlange; L, M enge Durchgangsöffnungen; N Sammelbehälter; O Rohr für die Rückführung des Wassers; P Eisofanne; Q Füllstutzen

Ausführungsformen nasser periodischer Absorptionsmaschinen. 75

rohrrektifikator f, den Wasserabscheider g und den Doppelrohrkondensator h in den Verdampfer i gelangt. In g wird ein großer Teil des mitgerissenen Wassers ausgeschieden und durch das Rohr e_2 mit Flüssigkeitsverschluß in den Kocher a_2 zurückgeführt. Während der Kochperiode tritt das Kühlwasser durch das Rohr k_1 im Gegenstrom in den Kondensator h, durchläuft dann den Rektifikator f und tritt durch das Rohr k_2 und den Seiher l in das Wassersteuerventil m, das als Dreiweg-Ventil ausgebildet ist. In diesem Ventil ist jetzt der Weg nach der Leitung k_3 und zum Ausfluß k_7 geöffnet. Der Wasserdruck in k_3, der durch den Einbau einer Drosselstelle j aufrecht erhalten wird, dehnt durch die Leitung k_4 die blasebalgartige Membran n, wodurch das Hauptgasventil o geöffnet bleibt und die Flamme im Brenner d weiterbrennen kann. Die Feder p und die Stellschraube q gestattet die Regelung der Ventileröffnung und damit der Gaszufuhr in Abhängigkeit vom Wasserdruck und von der Qualität des Gases. In der Gasleitung r liegt vor dem Hauptgasventil o noch der Sicherheitsbrenner s (vgl. S. 11 und Abb. 4), der die Zündflamme t liefert.

Wenn im Kocher a_2 eine Temperatur von 125^0 erreicht ist, hat der darin befindliche Thermostat u, gefüllt mit einer siedenden Flüssigkeit, die blasebalgartige Membran v so stark gedehnt, daß der damit verbundene Stift w den Ausklinkhebel x und die Feder y zum Überschnappen zwingt, wodurch zugleich das Dreiweg-Ventil m umgesteuert wird. Leitung k_3 ist nun geschlossen und k_5 geöffnet. Dadurch sinkt sofort der Druck in Leitung k_4 und das Gasventil o wird geschlossen, womit die Kochperiode beendet ist. Jetzt fließt das Kühlwasser durch k_5 zum Wassersparventil z, das beim Überschnappen des Hebels x durch den Anschlag der Nase x_1 an den Hebel A unter Spannung der Feder B ebenfalls voll geöffnet wurde. Durch die Leitung k_6 strömt dann das Wasser in die Kühlschlange C des Absorbers a_1 und von da in den Ausguß. Hierdurch tritt in a_1 eine Drucksenkung ein und die arme Lösung fließt von a_2 nach a_1 zurück (Rückverlegung des Niveaus). Die Absorption des in den Verdampferspiralen D entwickelten Ammoniaks findet somit durch die Leitungen b unter der Oberfläche der armen Lösung statt. Im Laufe der Kühlperiode steigt allmählich die Temperatur in den Verdampferspiralen D, wodurch der darin befindliche Thermostat E beeinflußt wird; durch Dehnung der blasebalgartigen Membran F wird der Stift G vorgeschoben und der Hebel x mit der Nase x_1 langsam zurückgedreht. Die Feder B zieht dann den Hebel A ebenfalls entsprechend zurück, wodurch das Wassersparventil z immer mehr geschlossen wird. Da die Verdampfung und Absorption am Anfang der Kühlperiode am stärksten sind und später nachlassen, hat es keinen Zweck während der ganzen Kühlperiode die gleiche Wassermenge durch den Absorber zu schicken; durch teilweise Schließung des Ventils z wird der Wasserverbrauch erheblich verringert.

Gegen Ende der Kühlperiode steigt die Verdampfungstemperatur in D so hoch an, daß der Stift G des Thermostaten den Hebel x zum Zurückklinken in die gezeichnete Lage zwingt, wodurch das Dreiweg-Ventil m wieder die Leitung k_3 freigibt; das Gasventil o wird durch den Wasserdruck geöffnet, das Gas im Brenner d durch die Zündflamme t entzündet und die neue Kochperiode eingeleitet. Sollte am Schluß einer Kochperiode die automatische Schließung des Gasventils o aus irgend einem Grunde versagen und der Druck im Kocher über 20 at ansteigen, dann wird die Bruchplatte H gesprengt und das Ammoniak strömt aus der Leitung e_3 in die Wasserleitung.

Es ist jetzt nur noch die Wirkungsweise des Verdampfers zu erläutern. Das im Kondensator h verflüssigte Ammoniak tritt über den Teller J in die Verdampfertrommel i, von da durch die Rohre K_1 und K_2 in die Spiralen D und gelangt schließlich durch die kleinen Öffnungen L und M in das Gefäß N. Am Schluß der Kühlperiode sammelt sich in diesem Gefäß der wasserreiche Rest an. Bei der darauffolgenden Kochperiode tritt keine nennenswerte Vermischung der neuen Ladung des Verdampfers mit diesem Rest ein. Bei Beginn der nächsten Kühlperiode setzt mit der Druckentlastung auch eine Dampfbildung im Gefäß N ein, die den wasserreichen Rest von der vorangegangenen Kühlperiode durch das innere Steigrohr O in den Teller J fördert, von dem es durch die Leitung e_4 in den Absorber a_2 bzw. a_1 zurückgesaugt wird, da der Druck im Absorber stets etwas niedriger ist als im Verdampfer[1].

In Abb. 57 bedeuten noch P die Eispfannen im Verdampfer, Q den Füllstutzen am Kocher und R den Hauptgashahn.

Wie man sieht, arbeitet die Maschine vollautomatisch, und zwar werden die Thermostaten nur thermisch und hydraulisch, also nicht

---

[1] Vgl. auch Amer. Patentschrift 1,582,882 vom Jahre 1926.

elektrisch betätigt. Bei gasgeheizten Maschinen scheint es mir grundsätzlich richtig, von elektrischen Kontrollapparaten abzusehen, da die Aufstellung der Maschine unnötig kompliziert wird, wenn neben dem Gas- und Wasseranschluß auch noch ein Anschluß an den elektrischen Strom verlangt wird.

Die „Sorco"-Maschine gehört zweifellos zu den technisch vollkommensten nassen Absorptionsmaschinen. Sie leistet etwa 700 kcal pro Kochung und erhält eine Füllung von 4 kg NH_3. Im Durchschnitt wird zweimal, bei heißem Wetter dreimal täglich gekocht, wenn es sich um die Kühlung eines Schranks von 0,17 cbm Nutzraum (0,25 cbm Gesamtraum) handelt, der mit 5 cm Korksteinplatten isoliert ist. Der tägliche Gasverbrauch stellt sich auf durchschnittlich 2,8 cbm Leuchtgas und der tägliche Wasserverbrauch auf 800 l.

Die Vollautomatik wurde von der Detroit Lubricator Comp. in Detroit entwickelt, deren Erzeugnisse von der American Radiator Co. in New York und Chicago vertrieben werden.

b) Absorptionsmaschine der Common Sense Ice Machine Co. in Chicago, Ill.

Während der Kochperiode wird aus der wässerigen Ammoniaklösung im Kocher A, Abb. 58 und 59 Ammoniak ausgetrieben. Das mitgerissene Wasser kondensiert größtenteils an den kälteren Kocherteilen und in den Leitungen und fließt zum Kocher zurück. Die Beheizung erfolgt durch den Gasbrenner H. Das ausgetriebene Ammoniak verläßt bei F den Kocher, passiert das Rückschlagventil J und tritt in die innere Spirale des Doppelrohrkondensators B, wonach es sich im verflüssigten Zustand im Behälter C ansammelt. Das Kühlwasser tritt bei U ein, fließt durch das von einem Kolben gesteuerte Dreiwegventil N, welches zunächst den Weg nach der Leitung O freigibt, und durchströmt die äußere Spirale des Doppelrohrkondensators B,[1] aus dem es in den Ausguß tritt. Durch Drosseln des Ventils S wird die gewünschte Wassermenge eingestellt, wobei in der Leitung O der volle Wasserdruck aufrecht erhalten wird, der sich auch in den toten Rohrstrang zum Gasventil J fortpflanzt und das Gasventil offen hält. Im Kocher befindet sich der Thermostat E, der mit reinem Wasser gefüllt ist.

---

[1] Ammoniak und Kühlwasser fließen in Wirklichkeit im Gegenstrom durch den Kondensator.

78 Besondere Merkmale der Absorptionsmaschinen.

Wenn die Lösung im Kocher eine Temperatur von 120° erreicht hat, entsteht im Thermostaten und in der Leitung Q ein Überdruck von 1 at, der den Steuerkolben im Dreiwegventil N so vorschiebt, daß die Leitung O geschlossen und die Leitung P geöffnet wird. Sofort sinkt der Wasserdruck in O, das Gasventil J wird geschlossen und die Kochperiode ist beendet. Falls das Schließen des Gasventils J in der geschilderten Weise versagt, dann wird es durch Vermittlung einer Membran bei Erreichung eines Drucks von 17 atü

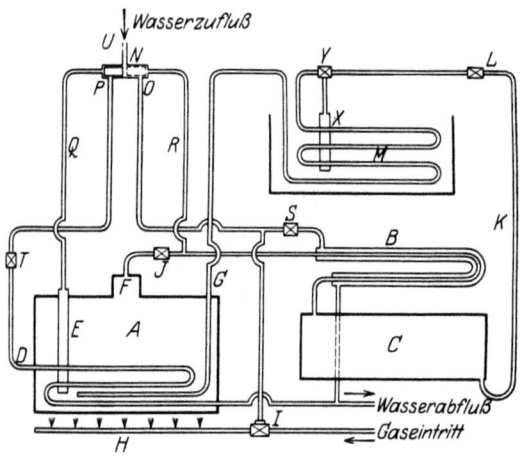

Abb. 58. Schema der Common Sense-Maschine, Chicago. A Kocher-Absorber; B Kondensator; C Flüssigkeitssammler; D Kühlschlange; E Thermostat; F Austritt des Ammoniaks; G NH$_3$-Leitung zum Absorber; H Gasbrenner; I Gasventil; J Rückschlagventil; K Leitung für flüssiges Ammoniak; L Regulierventil; M Verdampfer; N Dreiwegventil; O Wasserleitung; P Wasserleitung; Q Thermostatleitung; R Steuerleitung; S Wasserventil; T Wasserventil; U Kühlwassereintritt; X Thermostat; Y Ventil.

im Kocher geschlossen. Zur weiteren Sicherheit ist eine Bruchplatte angeordnet, die bei einem Kocherdruck von 20 atü das Ammoniak in die Wasserleitung entweichen läßt. Das Kühlwasser tritt durch die Leitung P und das Drosselventil T in die Kühlschlange D des Absorbers A, in welchem alsbald der Druck sinkt; das Rückschlagventil J unterbricht dann die Verbindung zwischen dem Absorber und dem Sammelbehälter C, in dem nach wie vor der hohe Druck herrscht. Das Regulierventil L in der Leitung K war während der Kochperiode durch den auf seine Membran wirkenden Kocherdruck geschlossen. Erst wenn der Druck in A zu Beginn der Kühlperiode auf 3 atü gesunken ist, kann flüssiges Ammoniak

Ausführungsformen nasser periodischer Absorptionsmaschinen. 79

aus C in die Verdampferspiralen M eintreten. Die Membran im Regulierventil vollführt dabei dauernd kleine Schwingungen und läßt das flüssige Ammoniak in kleinen Mengen in den Verdampfer übertreten. Die Verdampferschlange M liegt in einem Chlorkalziumbade; sobald die Temperatur dieses Bades — 8° erreicht hat, tritt der Thermostat X in Aktion und schließt im Ventil Y den weiteren Zufluß von Kältemittel ab. Die Wirkung dieses Thermostaten ist insofern eigenartig, als sich in X Salmiakgeist von solcher Konzentration befindet, daß er bei — 8° gefriert. Durch die Ausdehnung beim Gefrieren wird der Durchfluß durch das Ventil Y versperrt.

Wenn am Ende der Kühlperiode alle Flüssigkeit aus dem Behälter C in den Verdampfer übergetreten ist, sinkt in C der Druck und diese Drucksenkung pflanzt sich bis zur Leitung R fort, wodurch jetzt der Steuerkolben im Dreiwegentil N in entgegengesetzter Richtung verschoben wird und das Kühlwasser wieder durch die Leitung P zu fließen beginnt. Sofort wird das Gasventil J geöffnet und die (in der Figur nicht gezeichnete) Zündflamme entzündet das Gas im Brenner H. Damit hat die neue Kochperiode begonnen.

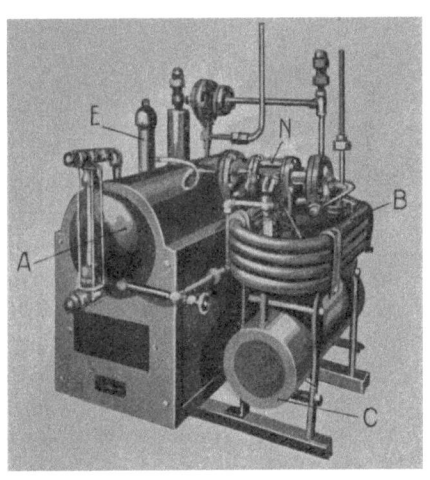

Abb. 59. Absorptionsmaschine der Common Sense Ice Machine Co., Chicago.

Die Rückführung des mitgerissenen Wassers aus dem Verdampfer in den Absorber geschieht in einfachster Weise dadurch, daß die Flüssigkeit in die Verdampferspirale oben eintritt und der Dampf unten austritt. Der Dampf reißt dann das unverdampfte Wasser tropfenweise mit; der etwa verbleibende Rest wird zu Beginn der neuen Kühlperiode beim ersten Öffnen des Regulierventils L durch den Überdruck in der Leitung K in den Absorber A durchgeblasen.

Diese Maschine ist also auch vollautomatisch und die Thermostaten werden wie bei der „Sorco"-Maschine nur thermisch oder hydraulisch betätigt. Auch hier ist jeder Anschluß von elektrischem Strom entbehrlich. Die Automaten sind aber viel schwerer gebaut als bei der „Sorco"-Maschine und die ganze Kältemaschine Abb. 59 ist für größere Kälteleistungen dimensioniert. Sie wird in drei Größen mit Kälteleistungen von 4000, 8000 und 12000 kcal pro Kochung gebaut und in der Regel in Etagenwohnungen zur gleichzeitigen Bedienung von mehreren Kühlschränken verwendet, wobei die Maschine im Kellergeschoß aufgestellt wird. Bei der kleinsten Einheit hat der zylindrische Kocher schon einen Durchmesser von etwa 400 mm und eine Länge von etwa 700 mm. Diese Maschine wird zunächst nur in Chicago und Umgebung verkauft.

5. Ausführungsformen trockener periodischer Absorptionsmaschinen.

a) System „Sicfrigo" von der Maschinenbau-Anstalt Humboldt in Köln[1]. Die schlechte Wärmeleitfähigkeit der festen Absorptionsstoffe (Salze, Silica-Gel, aktive Kohle u. a.) und das Bestreben den allseitigen Zutritt des Ammoniaks zu diesen Stoffen zu erleichtern, führt zu Bauarten des Kochers, bei denen der absorbierende Stoff auf gut wärmeleitenden Unterlagen (Rippen, Tellern, Rohren, Horden) in dünnen Schichten ausgebreitet ist. Der Kocher erscheint von außen als langgestreckter vertikaler Zylinder, Abb. 60. Fein gekörntes wasserfreies Chlorkalzium muß bei der Füllung ziemlich locker gelagert werden, da es sich bei der Aufnahme von Ammoniak stark ausdehnt. Chlorkalzium oder aktive Kohle werden in Erbsengröße verwendet. Das Schüttgewicht von Chlorkalzium ist etwa 0,6 g/ccm und von Kohlen etwa 0,3 g/ccm. Wie bei allen Absorptionsmaschine ist, mit seltenen Ausnahmen, ein wirtschaftlicher Betrieb nur bei Beheizung mit Gas oder flüssigen Brennstoffen möglich. Dabei hat sich gezeigt, daß eine indirekte Beheizung durch heißes Wasser, das bis dicht an seinen Siedepunkt erwärmt wird und im Kocher wie in einer Schwerkraft-Warmwasserheizung umläuft, sehr vorteilhaft ist. Der Wassermantel erhöht zwar den Wasserwert des Kochers und damit die bei jedem Anheizen aufzuwendende Wärmemenge, doch wird das erzeugte heiße Wasser beim Umschalten auf die Kühlperiode durch das in den Kochermantel von

---

[1] Die Maschinen werden jetzt von den Schwarzwaldwerken Lanz in Mannheim gebaut.

Ausführungsformen trockener periodischer Absorptionsmaschinen. 81

unten eindringende Kühlwasser vorgeschoben und ohne größeren Temperaturverlust für Haushaltungszwecke (Kochen, Waschen, Spülen, Baden) gewonnen. Da die Kochperiode stets so gelegt werden kann, daß ihr Ende in die Zeit des Warmwasserbedarfs fällt, wird die Ausnutzung dieser Abfallwärme stets möglich sein. Da im Heizmantel kein Überdruck herrschen soll, ist die Temperatur der Ammoniak-Austreibung im Kocher auf 100° begrenzt. Das hat zwar zur Folge,

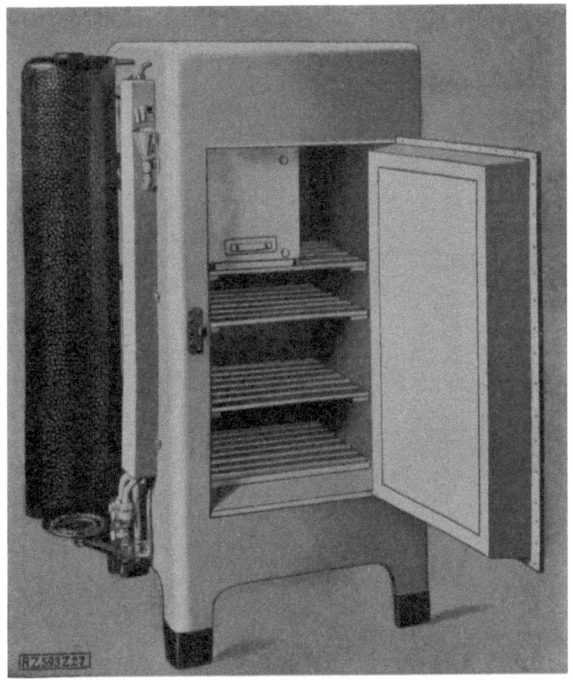

Abb. 60. Trocken-Absorptionskühlschrank von Humboldt, Köln, und den Schwarzwaldwerken Lanz, Mannheim.

daß nur etwas mehr als die Hälfte des vom Chlorkalzium aufgenommenen Ammoniaks für die Kälteerzeugung nutzbar gemacht werden kann, verbürgt aber den sehr wichtigen Vorteil, daß selbst beim völligen Ausbleiben des Kühlwassers im Kondensator der Druck nie über 16 bis 17 atü steigt, wodurch Unfälle wirksam verhütet und weitere Sicherheitsvorrichtungen entbehrlich werden. Außerdem ist man bei so niedrigen Kochtemperaturen vor

82   Besondere Merkmale der Absorptionsmaschinen.

jeder Zersetzung des Ammoniaks in Wasserstoff und Stickstoff sicher.

Sobald bei der Kochperiode das Heizwasser im Mantel bis zum Siedepunkt erwärmt ist, muß die Heizquelle so abgedrosselt und reguliert werden, daß das Wasser nicht verdampft, sondern nur dauernd auf nahezu 100° gehalten wird. Diese Temperaturregelung erfolgt bei den Sicfrigo-Maschinen automatisch in der Weise, daß

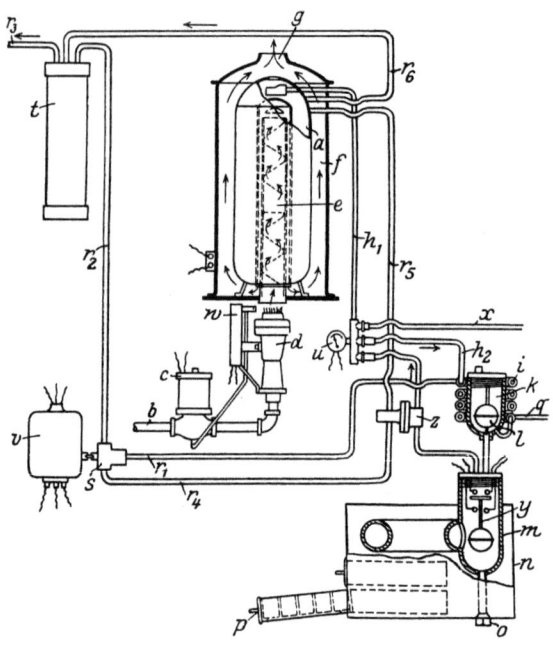

Abb. 61. Schema der Ice-O-Lator Trocken-Absorptionsmaschine der National Refrigerating Co., New Haven.

die Wärmeausdehnung eines dünnen Rohres, durch das der im Heizmantel bei Erreichung des Siedepunktes gebildete Dampf geleitet wird, durch einen Hebel die Schließbewegung eines Hahnes in der Gaszuleitung bewirkt. Mit dieser Vorrichtung, die bei einer Kochperiode mehrmals in Funktion tritt, kann die Temperatur des Heizwassers bei sparsamem Gasverbrauch dauernd in den Grenzen von 98 bis 100° gehalten werden, ohne daß eine nennenswerte Wassermenge verdampft.

b) System „Ice-O-Lator" der National Refrigerating Comp. in New Haven, Conn.

Die Maschine ist in Abb. 61 schematisch dargestellt. Der Kocher a, bestehend aus zwei konzentrischen, vertikalen Stahlrohren mit geschweißtem Boden und Deckel wird, auf kupfernen Horden mit der von Prof. Keyes in Cambridge, Mass., vorgeschlagenen trockenen Absorptionsmasse beschickt, die anscheinend aus gekörntem Chlorkalzium mit einem Zusatz von aktiver Kohle besteht (vgl. S 59). Nach sorgfältigem Evakuieren wird die Maschine mit NH_3 gefüllt. Bei der Kochperiode tritt das Heizgas durch die Leitung b und das magnetisch betätigte Hauptgasventil c in den Brenner d. Es steigt dann durch das mit Wirbelstreifen versehene Heizrohr e im Kocher hoch, wird dann im Ringraum an der inneren Kocherwand heruntergeleitet und steigt schließlich zwischen der Außenwand des Kochers und dem den Kocher umgebenden Blechmantel f in den Gasabzug g. Das während der Kochperiode ausgetriebene Ammoniak tritt durch die kupfernen Leitungen h_1 und h_2 in den kupfernen Doppelrohrkondensator i; das hier verflüssigte Ammonik sammelt sich im Behälter k, hebt das Schwimmerventil l und läßt die Flüssigkeit in den Verdampfer m übertreten, der aus geschweißten Stahlrohren hergestellt ist. Der Verdampfer mit dem Blechbehälter n, der mit einer Glyzerin- oder Alkohollösung gefüllt ist, eine Entleerungsöffnung o besitzt und die Eispfanne p aufnimmt, wird im Kühlschrank angeordnet. Während der Kochperiode tritt das Kühlwasser bei q in den Kondensator und fließt durch die Leitungen r_1 und r_2 über das elektrisch betätigte Wasserventil s und den Wärmeaustauschbehälter t in den Abfluß r_3. Für den Fall, daß das Kühlwasser ausbleibt oder der Druck aus irgend einem anderen Grunde unzulässig hoch steigt, sind folgende automatische Sicherheitsvorrichtungen vorgesehen: 1) bei einem für die Apparatur noch ungefährlichen Höchstdruck schließt das Druckmanometer u einen Stromkreis im elektrischen Kontrollapparat v,[1] der das magnetische Hauptgasventil c absperrt, so daß der Brenner d erlischt und nur noch die kleine Zündflamme des Sicherheitszünders w (vgl. S. 11) weiter brennt; 2) Sollte diese Einrichtung einmal versagen, dann wird bei einem noch etwas höheren Druck die in

---

[1] Hergestellt von der Honeywell Heating Specialties Co. in Wabash, Indiana.

der Leitung x am Sammelstück liegende Bruchplatte gesprengt und das Ammoniak unter Wasser herausgelassen.

Die Kochperiode dauert etwa 45 Minuten. Die Umschaltung auf die Kühlperiode wird durch den im Verdampfer m angeordneten Schwimmer y eingeleitet, der bei genügender Füllung mit flüssigem Ammoniak die oberen Kontakte schließt, wodurch der elektrische Kontrollapparat v in Aktion tritt. Der Kontrollapparat ist so eingerichtet, daß er nach Schließung des Stromkreises eine Schaltbewegung von einer halben Umdrehung vollführt, die sich auf eine Zeitdauer von 10 Minuten erstreckt. Nach Ablauf von 2 Minuten wird zuerst das magnetische Gasventil c geschlossen; erst nach weiteren 6 Minuten wird das Wasserventil s langsam umgeschaltet und das Kühlwasser durch die Leitung r_4 und r_5 in die kupferne Kühlschlange des Kochers geleitet. Nach weiteren 2 Minuten ist diese Umschaltung beendet. Während der 6 Minuten nach Schluß des Gasventils wird durch die im Kocher aufgespeicherte Wärme eine weitere Menge Ammoniak ausgetrieben und im Kondensator verflüssigt, wodurch die Wirtschaftlichkeit der Maschine verbessert wird. Sobald dann Wasser in den immer noch heißen Kocher geleitet wird, tritt eine lebhafte Verdampfung dieses Wassers ein und der Dampf würde aus der Kühlschlange sehr geräuschvoll austreten. Da man bei der Haushaltmaschine jedes Geräusch vermeiden will, wird der Dampf bzw. das heiße Wasser durch die Leitung r_6 in den Wärmeaustauschbehälter t geleitet, durch den noch ein Teil des kälteren Wassers aus der Leitung r_2 fließt, so daß der Dampf hier kondensiert wird und geräuschlos in den Abfluß tritt.

Der im Verdampfer m während der Kühlperiode gebildete kalte Ammoniakdampf tritt durch die kupferne Leitung h_1 in den Absorber zurück. Da die Affinität des ammoniakarmen Chlorkalziums am Beginn der Kühlperiode am größten ist, so ist zu dieser Zeit die Verdampfung und damit die Kühlwirkung am stärksten und der Verdampferdruck am niedrigsten. Um die Verdampfung über die ganze Kühlperiode möglichst gleichmäßig zu verteilen und einen nahezu konstanten Verdampferdruck zu halten, wird die dem Absorber a zugeführte Kühlwassermenge durch ein Kontrollventil z in der Leitung r_4 reguliert, das durch den in der Saugleitung herrschenden Verdampferdruck mittels einer Membran beeinflußt wird. Sobald der Verdampferdruck zu tief sinkt, wird der Wasserzufluß zum Absorber gedrosselt, wodurch dessen Temperatur steigt

Kontinuierliche Absorptionsmaschinen. 85

und die Absorptionsfähigkeit verringert wird; das hat die gewünschte Drucksteigerung im Absorber und Verdampfer zur Folge. Am Schluß der Kühlperiode, die 3 bis 4 Stunden dauert, sinkt der Schwimmer y im Verdampfer m soweit, daß er die unteren Kontakte schließt, wodurch der elektrische Kontrollapparat v wieder den Wasserweg nach r_4 schließt und nach r_2 freigibt und auch das Gasventil c öffnet. Die neue Kochperiode ist damit eingeleitet. Bei voller Belastung können in 24 Stunden fünf Kochperioden und fünf Kühlperioden erfolgen.

Diese Maschine wird in zwei Größen gebaut. Die kleinere Type hat eine Kälteleistung von 400 bis 450 kcal pro Kochung und wird mit Kühlschränken von 0,17 bis 0,25 cbm Nutzinhalt mit 2 bis 4 Eispfannen geliefert. Der Gasverbrauch beträgt etwa 0,55 cbm pro Kochung. Die Kälteleistung der größeren Type ist um etwa 50% höher; sie wird mit Kühlschränken von 0,34 bis 0,42 cbm Nutzinhalt mit 4 bis 6 Eispfannen geliefert. Für noch größere Kühlschränke werden zwei solche Einheiten, die mit einer gemeinsamen Automatik versehen sind, geliefert.

Der Kocher-Absorber mit dem Kondensator und der Automatik steht immer auf einem besonderen Podest neben dem Kühlschrank.

Neben der gasgeheizten Maschine wird auch eine kleine elektrisch beheizte Maschine mit horizontalem Kocherabsorber geliefert, die mit der Automatik auf den Kühlschrank heraufgesetzt wird. Diese Type mit einer Kälteleistung von rund 300 kcal pro Kochung wird mit einem Kühlschrank von 0,17 cbm Nutzraum geliefert. Die Fabrikation dieser Type beschränkt sich auf Fälle, in denen elektrischer Betrieb vom Kunden ausdrücklich verlangt wird.

Bei den mit Gas geheizten Maschinen bedeutet die elektrisch betätigte Automatik einen Umweg; sie hat den Nachteil, daß man für diese Maschine einen Gasanschluß, einen elektrischen Anschluß, einen Wasseranschluß und womöglich noch ein Gasabzugrohr braucht. Die hydraulische Betätigung der Automatik (z. B. in der „Sorco"-Maschine der Gas Refrigeration Corporation in New York, vgl. S. 73) scheint mir bei gasgeheizten und wassergekühlten Absorptionsmaschinen der direktere und einfachere Weg zu sein.

6. Kontinuierliche Absorptionsmaschinen.

Die periodischen Absorptionsmaschinen, bei denen die Umschaltung von Hand erfolgt, haben in der Regel nur eine einzige, etwa zweistündige Kochperiode in 24 Stunden. Das bedingt ziemlich große Abmessungen des Kochers und des Verdampfers. Um die Herstellungskosten und den Platzbedarf zu verringern wird die Maschine so dimensioniert, daß sie mit einer Kochperiode den Kältebedarf an einem normalen Sommertag decken kann. An besonders heißen Tagen muß dann zweimal gekocht werden. Bei Maschinen mit automatischer Umschaltung sind die täglichen Kochperioden viel zahlreicher, aber auch entsprechend kürzer. Damit nähert man sich bereits dem kontinuierlichen Betrieb. Einen weiteren Schritt in dieser Richtung stellen die Anordnungen dar, bei denen mehrere kleine periodische Aggregate miteinander kombiniert, aber in der Phase gegeneinander verschoben sind, so daß stets mindestens ein Aggregat in Kühlstellung ist.

Die kontinuierliche Absorptionsmaschine hat vor der periodischen immer den Vorzug größerer Wirtschaftlichkeit; außerdem entfallen alle Umschaltevorrichtungen. Für den Kocher und Absorber sind dann allerdings zwei getrennte Behälter auszuführen, die aber wesentlich kleiner ausfallen als bei periodischem Betrieb. Bevor aber die kontinuierliche Maschine für Haushaltungskühlschränke verwendet werden konnte, mußte die Flüssigkeitspumpe, welche ständig die reiche Lösung aus dem Absorber in den Kocher fördert, durch entsprechende Maßnahmen beseitigt werden. Das Prinzip der Bewegungslosigkeit sollte also erhalten bleiben. Hierfür sind mehrere Wege vorgeschlagen.

Zunächst sei eine Übergangsform erwähnt, die man als halbkontinuierliche Maschine ansprechen könnte: in die Leitung zwischen Kocher und Absorber wird ein mit Abschlußorganen versehener Ausgleichsbehälter eingeschaltet, der wechselweise mit dem Kocher und dem Absorber verbunden werden kann. Bei Verbindung mit dem Absorber fließt ihm die reiche Lösung zu, bei Verbindung mit dem Kocher wird die reiche Lösung in diesen weiterbefördert. Das Öffnen und Schließen der Abschlußorgane erfolgt selbsttätig, und zwar entweder mit Hilfe eines Schwimmers durch die reiche Lösung selbst, oder durch ein Kippgefäß, oder schließlich unter dem Einfluß der Temperatur im Kocher[1].

Ein sehr sinnreicher Gedanke stammt von Geppert (1899). Er führte in die Ammoniakabsorptionsmaschine von Carré ein

---

[1] Vgl. Brit. Patentschrift 235195, Amer. Pat. 943040, D.R.P. 430488.

indifferentes, nicht kondensierbares Gas ein, das durch die Heizung aus dem Kocher ausgetrieben wurde und sich nur im Verdampfer und Absorber ansammelte, wo sein Partialdruck den sonst zwischen Kocher und Absorber vorhandenen Druckunterschied ausglich. Danach herrscht in der ganzen Apparatur derselbe Gesamtdruck und die Rückführung der reichen Lösung in den Kocher erfordert keine Pumpenarbeit. Als indifferentes Gas wählte Geppert Luft. Der Vorgang im Verdampfer ist von demjenigen in der Carréschen Maschine insofern verschieden, als auf der verdampfenden Flüssigkeit jetzt nicht nur der Sättigungsdruck des Ammoniaks, sondern noch der 2 bis 3 mal größere Luftdruck lastet. Es handelt sich also nicht mehr um eine Verdampfung, sondern um eine Verdunstung, die etwa mit der Verdunstung von 70-grädigem Wasser in einem unter Atmosphärendruck stehenden Behälter verglichen werden kann. Die Verdunstung geht wesentlich langsamer vor sich als die Verdampfung, weil die gebildeten Dämpfe durch das indifferente Gas hindurchdiffundieren müssen. Die Verdunstungsgeschwindigkeit war bei Geppert so gering, daß er zur Erzielung nennenswerter Kälteleistungen die Luft durch einen Hilfsventilator in Umlauf setzen mußte, wodurch aber das Prinzip der Bewegungslosigkeit durchbrochen wurde.

Die Diffusionsgeschwindigkeit und damit die Verdunstungsgeschwindigkeit kann wesentlich gesteigert werden, wenn man als indifferentes Gas nicht Luft, sondern Wasserstoff wählt. Nach der kinetischen Gastheorie muß die Diffusion um so schneller vor sich gehen, je größer die mittlere Weglänge und die mittlere Geschwindigkeit der Moleküle ist. Diese beiden Größen sind aber der Quadratwurzel aus der Dichte umgekehrt proportional; die mittlere Weglänge ist außerdem noch der Zähigkeit des Gases proportional. Es ergibt sich daraus, daß beim Wasserstoff die mittlere Weglänge etwa doppelt so groß und die mittlere Molekulargeschwindigkeit etwa viermal so groß ist wie bei Luft.

Die Verwendung von Wasserstoff als indifferentem Gas, wurde zuerst von v. Platen und Munters in Stockholm vorgeschlagen[1], denen unzweifelhaft das Verdienst gebührt, den längst vergessenen Gedanken Gepperts aufgegriffen zu haben. Maschinen dieses

---

[1] v. Platen, B. und Munters, C. G.: Teknisk Tidskrift, Heft 12, S. 89, Stockholm 1925, vgl. auch Krause, M.: Z. V. D. I. 1926, S. 597 und Zeitschr. f. d. ges. Kälteind. Heft 7, S. 106. 1926.

Systems werden jetzt von der A. B. Elektrolux, Stockholm, gebaut. Die Wirkungsweise ist aus Abb. 62 zu erkennen. Verdampfer f und Absorber h sind nebeneinander angeordnet, wobei der Verdampfer etwas höher steht. Nachdem das Gasgemisch von Ammoniak und Wasserstoff im Absorber das ganze Ammoniak an die auf Kaskaden herabrieselnde arme Lösung abgegeben hat, tritt reiner Wasserstoff aus dem Absorber im Sinne des Pfeiles in den Verdampfer. Hier rieselt das von dem Kondensator kommende flüssige Ammoniak ebenfalls auf Kaskaden g herab, die zur Erhöhung der Verdunstungsgeschwindigkeit vorgesehen sind. Die gebildeten Ammoniakdämpfe mischen sich mit dem Wasserstoff. Da das Gewicht dieses Gasgemisches im Verdampfer schwerer ist als die von Ammoniak befreite Wasserstoffgassäule im Absorber, so entsteht ein selbsttätiger Umlauf der Gase im Sinne der Pfeile durch den Absorber und Verdampfer, wodurch die Diffusionsgeschwindigkeit bedeutend erhöht wird.

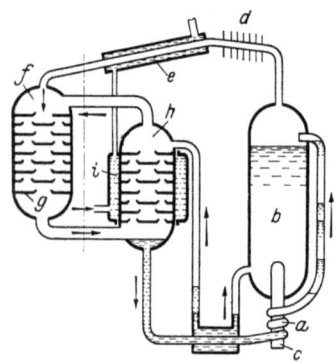

Abb. 62. Schema der kontinuierlichen Absorptionsmaschine von Elektrolux, Stockholm (älteres Modell).

Die Rückführung der im Absorber gebildeten reichen Lösung zu dem höheren Niveau des Kochers b erfolgt durch Beheizung der die reiche Lösung führenden Rohrleitung a vor deren Eintritt in den Kocher; c ist der elektrische Heizkörper. Durch diese Beheizung wird das Ammoniak schon in der Steigleitung ausgetrieben, wodurch die Flüssigkeitssäule hier spezifisch leichter wird (Thermosyphon). Dieser Vorschlag ist wohl zuerst von E. Altenkirch gemacht worden, vgl. D. R. P. 427 278. Für die Rückführung der reichen Lösung sind von Elektrolux neuerdings auch noch andere Mittel vorgeschlagen, vgl. z. B. D. R. P. 448 586, nach welchem durch periodische Niveauverlegungen des Flüssigkeitsspiegels im Kocher kurze Pumpperioden und längere Kühlperioden aufeinander folgen: Es ist beachtenswert, daß sich hierdurch die Unterschiede zwischen kontinuierlichen und periodischen Absorptionsmaschinen allmählich ausgleichen. In Abb. 62 ist d der Wasserabscheider (Rektifikator) und e der Kondensator. Das Kühlwasser tritt zuerst in den Wasser-

Kontinuierliche Absorptionsmaschinen. 89

mantel i des Absorbers und dann in den Kondensator. In Abb. 63 ist die ältere Ausführung der Elektrolux-Apparatur dargestellt. Mit Ausnahme des Verdampfers liegt die ganze Apparatur außerhalb des Kühlschrankes in einem besonderen Kasten. Der Verdampfer wird in eine Soletasche eingesetzt, die zur Kältespeicherung dient. Die Beheizung des Kochers und des Steigrohrs erfolgt durch eine elektrische Heizpatrone. Die Maschine sollte eine Kälteleistung von 80 kcal/h entwickeln.

Bei dem neuesten Modell (1927) von Elektrolux sind verschiedene Änderungen vorgesehen. Die stündliche Kälteleistung ist um etwa 25% erhöht und beträgt etwa 100 kcal/h bei — 5° Verdampfungstemperatur. Der Solebehälter ist fortgelassen und der Kühlkörper für direkte Verdampfung ist von einem aus Aluminiumguß hergestellten Radiator umgeben. Er ist in der oberen Ecke des Kühlschrankes angeordnet (Abb. 64). Darunter liegt in einem isolierten Kasten die übrige Apparatur.

Abb. 63. Älteres Modell einer Elektrolux-Maschine.

Die elektrische Heizleistung beträgt 360 Watt, doch kann sie bei geringerem Kältebedarf durch einen Umschalter ohne erhebliche Verschlechterung des Wirkungsgrades auch auf 180 und 280 Watt eingestellt werden. Falls aus irgendeinem Grunde das Kühlwasser ausbleibt, wird der elektrische Strom durch einen Quecksilberkippschalter selbsttätig ausgeschaltet.

Wie aus Abb. 65 ersichtlich, sind die Gaswege gegenüber dem einfachen Schema der Abb. 62 etwas geändert[1]. Das bezieht sich in erster Linie auf die Zirkulation des Wasserstoffs zwischen dem

---

[1] Vgl. Cold Storage and Produce Review, London, März 1927.

90　Besondere Merkmale der Absorptionsmaschinen.

Absorber und dem Verdampfer. Es soll vermieden werden, daß der im Absorber bis auf etwa Zimmertemperatur erwärmte Wasserstoff direkt in den Verdampfer tritt, weil damit Kälteverluste verbunden sind. Der Wasserstoff fließt nach Abb. 65 durch ein als Temperaturwechsler a ausgebildetes Doppelrohr im Gegenstrom zu den aus dem Verdampfer b tretenden kalten Ammoniakdämpfen und kühlt sich entsprechend vor. Die Abscheidung des aus dem Kocher mitgerissenen Wassers erfolgt bei diesem Modell durch Kühlung der Verbindungsleitung c zwischen Kocher d und Kondensator e durch einen Teil des bereits verflüssigten Ammoniaks, das im Ringraum eines Doppelrohrs c unter Kondensatorspannung verdampft; die gebildeten Dämpfe treten durch die Leitung f in den Kondensator zurück. Charakteristisch ist ferner das Vorhandensein einer direkten Verbindung g zwischen Kondensator e und Absorber h durch ein senkrechtes Röhrchen, das folgenden Zweck erfüllt: Wenn beim längeren Stillstand Wasserstoff in den Kondensator übertreten sollte, wird er, nach Anstellung der Heizung, aus dem Kondensator auf direktem Wege in den Absorber zurückgetrieben; um zu verhindern, daß auch flüssiges Ammoniak auf diesem Wege unter Umgehung des Verdampfers zum Absorber gelangt, ist das erwähnte Verbindungsröhrchen im oberen Teil umgebogen, so daß seine Öffnung nach unten gerichtet ist.

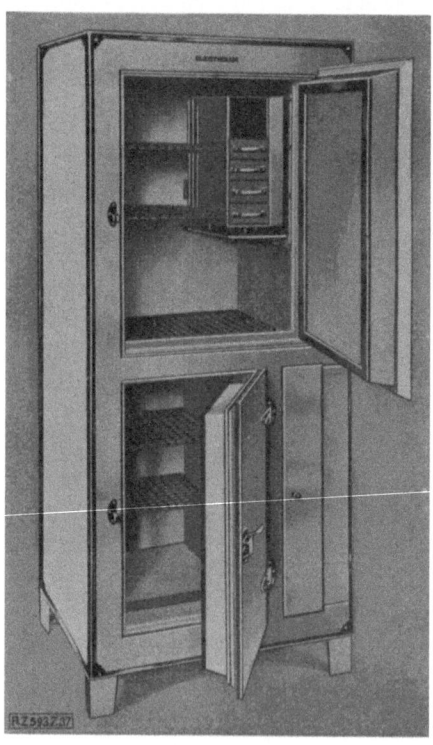

Abb. 64. Elektrolux-Kühlschrank, neues Modell.

Kontinuierliche Absorptionsmaschinen. 91

In Abb. 65 ist der Kocher d für Gasheizung dargestellt. Dieses neue Modell wird in den Vereinigten Staaten von der Elektrolux-Servel Corporation in New York gebaut. An einer solchen mit Gas geheizten Apparatur sind kürzlich eingehende Versuche von der Consolidated Gas Company in New York vorge-

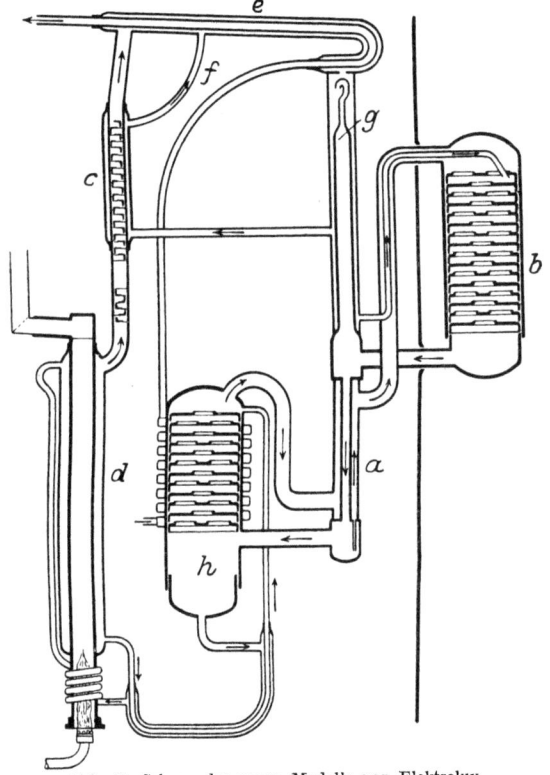

Abb. 65. Schema des neuen Modells von Elektrolux.

nommen worden, über die F. E. Sellmann[1] berichtet. Während bei dem vorher beschriebenen älteren Modell die Kälteleistung nur etwa 18 % der zugeführten Heizwärme erreichte, werden im neuen Modell (normal 100 kcal/h) bei Gasheizung über 30 % und bei elektrischer Heizung bis 38 % der Heizwärme als Kälteleistung gewonnen, wenn stündlich etwa 30 l Kühlwasser von 20° zufließen. Bei

---
[1] Sellmann, F. E.: Refrigerating Engineering, New York, Juli 1927.

höheren Kühlwassereintrittstemperaturen sinkt die Leistung zuerst langsam, dann aber immer schneller. Bei 32-grädigem Kühlwasser in gleicher Menge beträgt die Kälteleistung noch 85 kcal/h und die Leistungsziffer 23,5 %. Eine Steigerung der Kühlwassermenge über einen gewissen Betrag bringt keine weiteren Vorteile. Die erzielbare Kälteleistung wächst mit zunehmender Heizwärme bei 20° Kühlwassereintritt bis zu einer Höchstleistung von 112 kcal/h bei einer maximalen Heizwärme von 410 kcal/h (Gasheizung). Die höchste Kälteleistung fällt aber nicht mit der höchsten Leistungsziffer, d. h. mit der größten Wirtschaftlichkeit zusammen; diese liegt vielmehr bei einer Kälteleistung von 100 kcal/h und einer Heizwärme von 340 kcal/h. Sinkt die Heizwärme auf die Hälfte der Maximalen, also auf 205 kcal/h, so sinkt die Kälteleistung auf 45 kcal/h und die Leistungsziffer auf 22 %. Dieses ist zugleich die untere Grenze, da bei einer Heizwärme von 170 kcal/h die Wirkung des Thermo-Syphons aufhört und die reiche Lösung nicht mehr vom Absorber in den Kocher zurückgeführt wird. Dementsprechend muß der von der Kühlschranktemperatur beeinflußte Thermostat das Heizgas in den Grenzen von 205 bis 410 kcal stündlicher Heizwärme regeln.

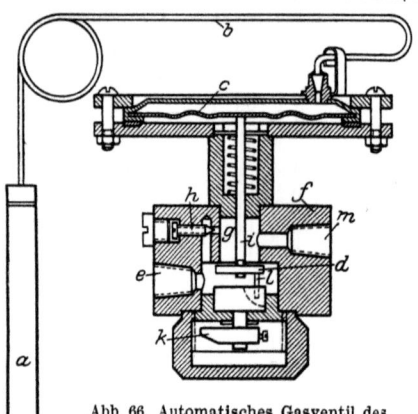

Abb. 66. Automatisches Gasventil des amerikanischen Elektrolux-Modells.

Durch die Mitarbeit amerikanischer Ingenieure ist es gelungen, die Elektroluxmaschine vollautomatisch zu machen. Die Herstellung der Vollautomatik ist bei einer kontinuierlichen Maschine natürlich einfacher und billiger als bei einer periodischen, da die Umschaltung von der Koch- auf die Kühlperiode und umgekehrt sowie die Umsteuerung der Ammoniakwege fortfällt. Trotzdem bietet die Automatik auch hier manches Interessante und wir wollen sie daher bei der Elektroluxmaschine für den wirtschaftlich wichtigsten Fall der Beheizung mit Gas etwas ausführlicher beschreiben. Die Automatik erstreckt sich auf folgende drei Teile:

a) Den Sicherheitsbrenner, der bei unbeabsichtigter Unterbrechung der Gaszufuhr das Gasventil schließt und dessen Wirkungsweise wir schon auf S. 11 beschrieben haben.

b) Das Hauptgasventil (Abb. 66), dessen Durchgangsquerschnitt von einem im Kühlschrank angeordneten Thermostaten a mit Pentanfüllung beeinflußt wird. Steigt die Temperatur im Kühlschrank, dann wächst der Dampfdruck in a und b, und die Membran c vergrößert die Öffnung des Tellerventils d; bei stärkerer Beheizung des Kochers wächst dann die Kälteleistung, und die Temperatur im Kühlschrank sinkt wieder. Das Heizgas tritt bei e durch ein Gasrohr von $1/4''$ Durchmesser in den Ventilkörper f ein; neben dem Tellerventil d ist noch ein Umgehungsweg g vorgesehen, dessen Durchgangsquerschnitt abhängig vom Gasdruck durch das Schräubchen h so einreguliert wird, daß die zur Aufrechthaltung des Flüssigkeitsumlaufes notwendige Gasmenge von 0,035 cbm/h (bezogen auf einen Heizwert des Gases von 5000 kcal/cbm) gerade hindurchtreten kann. Durch das Tellerventil d wird dann Zusatzgas in Abhängigkeit von der Temperatur im Kühlschrank eingelassen. Die Menge dieses Zusatzgases hängt ebenfalls vom Druck und Heizwert des Gases ab. Um sich verschiedenen Verhältnissen anpassen zu können, ist die Ventilspindel i an ihrem Ende mit Gewinde versehen und der Ventilteller d kann durch den Hebel k und den Mitnehmer l verdreht werden, wodurch bei gegebener Stellung der Membran c der Durchgangsquerschnitt für das Heizgas verändert wird. Der gesamte Hub des Tellerventils beträgt kaum mehr als 1 mm. Das Gas tritt bei m aus dem Ventilkörper heraus und wird durch ein $1/4$-zölliges Rohr dem Sicherheitsbrenner zugeführt. Dieses thermostatische Gasventil wird von der Firma C. T. Tagliabue Mfg. Co. in Brooklyn, N. Y. hergestellt.

c) Das Wasserventil. (Abb. 67.) Es ist klar, daß die Wasserstoff-Füllung der Maschine, deren Partialdruck den Druckunterschied zwischen Kocher und Absorber bzw. Kondensator und Verdampfer ausgleichen soll, nur für einen bestimmten Kondensatordruck genau richtig gewählt werden kann. Bei verschiedenen Kühlwassertemperaturen wird aber der Kondensatordruck sehr verschieden ausfallen und damit wird die Wasserstoff-Füllung mehr oder weniger verdichtet werden. Bei Überschreitung gewisser Grenzen kann es dann vorkommen, daß die in der Maschine umlaufenden Flüssigkeiten und Gase falsche Wege einschlagen. Es ist daher erwünscht, die

Maschine stets bei dem gleichen Kondensatordruck arbeiten zu lassen, was am einfachsten dadurch erreicht wird, daß man die Temperatur des ablaufenden Kühlwassers auf einer konstanten Höhe und zwar (für amerikanische Verhältnisse) auf 32° hält. Bei verschiedenen Eintrittstemperaturen muß also die Kühlwassermenge automatisch so geregelt werden, daß das Wasser immer mit 32° abläuft. Das besorgt das automatische Ventil Abb. 67. Der Wassereintritt erfolgt durch ein $^1/_4$-zölliges Rohr bei a. Eine bestimmte minimale Wassermenge wird durch den Umgehungsweg b stets hindurchgeblasen, dessen Durchgangsquerschnitt in Abhängigkeit vom Wasserdruck durch die Stellschraube c einreguliert wird. Das Zusatzwasser wird auf dem Wege d durch den Steuerkolben e dosiert, der sich unter dem Einfluß der kupfernen blasebalgartigen Membran f, die mit einer leicht siedenden Flüssigkeit gefüllt ist, verschiebt. Das bei g durch ein $^1/_4$-zölliges Rohr austretende Kühlwasser umspült dauernd den unteren Teil dieser Membran. Läuft das Kühlwasser zu heiß ab, dann dehnt sich die Membran, verschiebt den Steuerkolben e nach unten und läßt mehr Kühlwasser eintreten. Umgekehrt wird bei zu kaltem Wasserablauf der Steuerkolben hochgezogen und die Zusatzwassermenge verringert. Die Lage des Steuerkolbens kann je nach der Höhe des Wasserdrucks mit Hilfe des Gewindes h eingestellt werden.

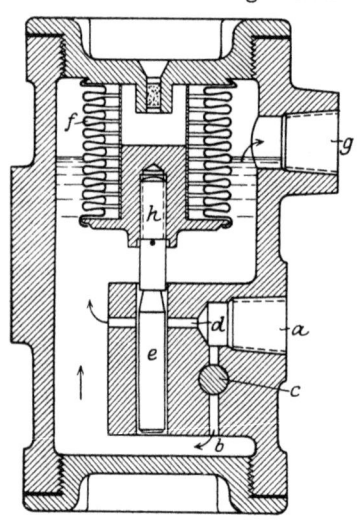

Abb. 67. Automatisches Wasserventil des amerikanischen Elektrolux-Modells.

Es wird behauptet, daß selbst bei völligem Ausbleiben des Kühlwassers keine gefährliche Drucksteigerung eintreten kann, weil die Oberflächen der einzelnen Apparate und Verbindungsleitungen genügend Wärme an die umgebende Luft abzugeben vermögen. Trotzdem besitzt der Apparat eine Schmelz-Sicherung, die bei Feuergefahr bei 120° schmilzt und die Füllung herausläßt.

Ein völlig anderes Prinzip für eine bewegungslose kontinuier-

Kontinuierliche Absorptionsmaschinen. 95

liche Absorptionsmaschine hat Altenkirch angegeben[1]. Dabei wird der Druckunterschied zwischen dem Kocher und Absorber durch die Flüssigkeitssäule der reichen Lösung überwunden; es wird also der Absorber so hoch über dem Kocher angeordnet, daß der Druck der Flüssigkeitssäule in der Verbindungsleitung ausreicht, um die reiche Lösung in den Kocher zu befördern. Es ist klar, daß auf diese Weise nur relativ kleine Druckunterschiede überwunden werden können. Ammoniakmaschinen mit mehreren Atmosphären Druckdifferenz können nach diesem Prinzip nicht ausgeführt werden. Dagegen lassen sich Wasserdampfmaschinen mit Schwefelsäure als Absorbens (Vakuummaschinen) leicht ausführen, denn hier beträgt die Druckdifferenz nur 0,03 bis 0,04 at. Bei so kleinen Druckdifferenzen genügt nach Altenkirch auch schon die Anwendung der bereits bei der Elektroluxmaschine erwähnten Thermosyphonwirkung, also die Anordnung eines kommunizierenden Rohres, dessen aufsteigender Ast unter starker Dampfentwicklung geheizt wird. Eine solche Maschine ist in Abb. 68 dargestellt, sie muß wegen der chemischen Aktivität der konzentrierten Schwefelsäure gegen Metalle in Glas, Porzellan oder Ton ausgeführt werden. Bei dieser Maschine spielt sich die ganze Entgasung (Wasserdampfaustreibung) in dem um einen elektrischen

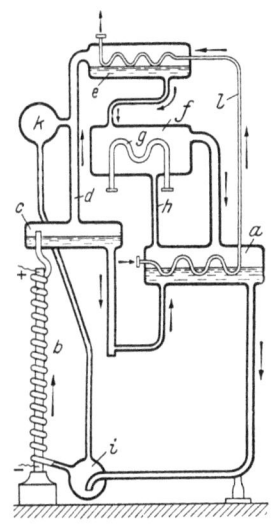

Abb. 68. Schema der kontinuierlichen Absorptionsmaschine von Altenkirch.

Heizkörper spiralig gewickelten Steigrohr b ab. Der Behälter c wirkt nur als Abscheideraum, aus dem die arme Lösung durch eine enge Kapillare mit entsprechendem Druckabfall in den Absorber a zurückgelangt. Der entwickelte Wasserdampf gelangt durch die Leitung d in den Kondensator e, wo er durch das von l eintretende Kühlwasser verflüssigt wird. Die Flüssigkeit tritt durch eine Kapillare mit entsprechendem Druckabfall in den Verdampfer f;

---

[1] D.R.P. 395421 und 427278, vgl. auch M. Krause a. a. O. Die Patente werden von den Siemens-Schuckertwerken in Berlin verwertet.

durch Verdampfung unter niedrigem Druck wird der durch das Rohr g zirkulierenden Sole Wärme entzogen und die gebildeten kalten Dämpfe treten in den Absorber; etwa mitgerissene Schwefelsäure fließt durch das Röhrchen h ebenfalls in den Absorber zurück. Die Gefäße i und k verhindern, daß bei stoßweisem Sieden Wasserdampf in den Absorber zurückgedrückt wird. Um allgemein zu verhindern, daß überschüssige Gasmengen auf falschem Wege aus Räumen höheren Druckes entweichen und Flüssigkeitssäulen, die den Druckunterschied aufrecht erhalten, zerstören, werden diese überschüssigen Gasmengen in ein besonderes Drucksicherungsgefäß unterhalb eines Flüssigkeitsspiegels geleitet. Dieses Drucksicherungsgefäß ist mit der Niederdruckseite verbunden[1].

Schließlich ist noch ein drittes Prinzip für das kontinuierliche Arbeiten einer bewegungslosen Absorptionsmaschine bekannt geworden; danach erfolgt die Überführung des Ammoniaks aus der niedrig gespannten reichen Lösung des Absorbers in die hochgespannte arme Lösung des Kochers unter Zuhilfenahme des osmotischen Druckes[2]. In der Leitung vom Absorber zum Kocher befindet sich eine halbdurchlässige Membran, die beispielsweise aus unglasiertem Porzellan, das mit Paraffin behandelt ist, besteht. Nachdem die Konzentration des Ammoniaks im Absorber einen gewissen Wert im Vergleich zu der Konzentration im Kocher überschreitet, tritt Ammoniakdampf in den Kocher über, bis eine vom Druck und der Temperatur an beiden Seiten der Membran abhängige Gleichgewichtslage erreicht ist. Es ist dem Verfasser nicht bekannt, ob Absorptionsmaschinen nach diesem Prinzip bereits ausgeführt sind.

---

[1] D.R.P. 439209
[2] D.R.P. 400488, Erfinder A. B. Zander und Ingeström und H. Hylander in Stockholm.

Verlag von Julius Springer in Berlin W 9

Die Wärmeübertragung. Ein Lehr- und Nachschlagebuch für den praktischen Gebrauch von Prof. Dipl-Ing. M. ten Bosch, Zürich. Zweite, stark erweiterte Auflage. Mit 169 Textabbildungen, 69 Zahlentafeln und 53 Anwendungsbeispielen. VIII, 304 Seiten. 1927. Gebunden RM 22.50

Einführung in die Lehre von der Wärmeübertragung. Ein Leitfaden für die Praxis von Dr.-Ing. Heinrich Gröber. Mit 60 Textabbildungen und 40 Zahlentafeln. X, 200 Seiten. 1926.
Gebunden RM 12.—

Leitfaden der Technischen Wärmemechanik. Kurzes Lehrbuch der Mechanik der Gase und Dämpfe und der mechanischen Wärmelehre von Prof. Dipl.-Ing. W. Schüle. Vierte, vermehrte und verbesserte Auflage. Mit 110 Textfiguren und 5 Tafeln. IX, 294 Seiten. 1925. RM 6.60

Technische Wärmelehre der Gase und Dämpfe. Eine Einführung für Ingenieure und Studierende von Dipl.-Ing. Franz Seufert, Oberingenieur für Wärmewirtschaft. Dritte, verbesserte Auflage. Mit 26 Textabbildungen und 5 Zahlentafeln. II, 83 Seiten. 1923.
RM 1.80

Abwärmeverwertung zu Heiz-, Trocken-, Warmwasserbereitungs- und ähnlichen Zwecken. Von Ingenieur M. Hottinger, Privatdozent, Zürich. Mit 180 Abbildungen im Text. X, 240 Seiten. 1922.
RM 8.—; gebunden RM 10.—

Die Abwärmeverwertung im Kraftmaschinenbetrieb mit besonderer Berücksichtigung der Zwischen- und Abdampfverwertung zu Heizzwecken. Eine wärmetechnische und wärmewirtschaftliche Studie von Dr.-Ing. Ludwig Schneider. Vierte, durchgesehene und erweiterte Auflage. Mit 180 Textabbildungen. VIII, 272 Seiten. 1923.
Gebunden RM 10.—

Die Kondensation bei Dampfkraftmaschinen einschließlich Korrosion der Kondensatorrohre, Rückkühlung des Kühlwassers, Entölung und Abwärmeverwertung. Von Oberingenieur Dr.-Ing. K. Hoefer, Berlin. Mit 443 Abbildungen im Text. XI, 442 Seiten. 1925.
Gebunden RM 22.50

Jx-Tafeln feuchter Luft und ihr Gebrauch bei der Erwärmung, Abkühlung, Befeuchtung, Entfeuchtung von Luft, bei Wasserrückkühlung und beim Trocknen. Von Dr.-Ing. M. Grubenmann, Zürich. Mit 45 Textabbildungen und 3 Diagrammen auf 2 Tafeln. IV, 46 Seiten. 1926. RM 10.50

Verlag von Julius Springer in Berlin W 9

Zentrifugal-Ventilatoren, ihre Berechnung und Konstruktion. Von Ingenieur Erich Gronwald. Mit 108 Textabbildungen. VIII, 178 Seiten. 1925.
Gebunden RM 12.60

Die Ventilatoren. Berechnung, Entwurf und Anwendung. Von Dr. sc. techn. E. Wiesmann, Ingenieur. Mit 135 Abbildungen, 10 Zahlentafeln und zahlreichen Rechnungsbeispielen. V, 196 Seiten. 1924.
Gebunden RM 10.50

Kolben- und Turbo-Kompressoren. Theorie und Konstruktion. Von Prof. Dipl.-Ing. P. Ostertag, Winterthur. Dritte, verbesserte Auflage. Mit 358 Textabbildungen. VI, 302 Seiten. 1923.
Gebunden RM 20.—

Die Entropietafel für Luft und ihre Verwendung zur Berechnung der Kolben- und Turbokompressoren. Von Prof. Dipl.-Ing. P. Ostertag, Winterthur. Zweite, verbesserte Auflage. Mit 18 Textfiguren und 2 Diagrammtafeln. 46 Seiten. 1917. Unveränderter Neudruck 1922. RM 2.50

Die Trockentechnik. Grundlagen, Berechnung, Ausführung und Betrieb der Trockeneinrichtungen. Von Dipl.-Ing. M. Hirsch, beratender Ingenieur V. B. J. Mit 234 Textabbildungen, einer schwarzen und 2 zweifarbigen i-x-Tafeln für feuchte Luft. XIV, 366 Seiten. 1927.
Gebunden RM 31.80

Die Lehre vom Trocknen in graphischer Darstellung. Von Ingenieur Karl Reyscher. Zweite, verbesserte Auflage. Mit 34 Textabbildungen. IV, 74 Seiten. 1927. RM 4.50

Das Trocknen mit Luft und Dampf. Erklärungen, Formeln und Tabellen für den praktischen Gebrauch. Von Baurat E. Hausbrand, Berlin. Fünfte, stark vermehrte Auflage. Mit 6 Textfiguren, 9 lithographischen Tafeln und 35 Tabellen. VIII, 185 Seiten. 1920. Unveränderter Neudruck 1924.
Gebunden RM 8.—

Theorie der Heißlufttrockner. Ein Lehr- und Handbuch für Trocknungstechniker, Besitzer und Leiter von gewerblichen Anlagen und Trockenvorrichtungen. Für den Selbstunterricht bearbeitet von W. Schule. Mit 34 Textfiguren und 9 Tabellen. IV, 174 Seiten. 1920. Unveränderter Neudruck 1921. RM 5.50

MIX
Papier aus verantwortungsvollen Quellen
Paper from responsible sources
FSC® C105338

If you have any concerns about our products,
you can contact us on
ProductSafety@springernature.com

In case Publisher is established outside the EU,
the EU authorized representative is:
**Springer Nature Customer Service Center GmbH
Europaplatz 3, 69115 Heidelberg, Germany**

Printed by Libri Plureos GmbH
in Hamburg, Germany